# 누가 인공지능을
두려워하나?

---

일러두기

- 이 책은 Thomas Ramge의 Who's Afraid of AI?: Fear and Promise in the Age of Thinking Machines(The Experiment, 2019)을 우리말로 옮기고 이수영 박사의 글을 추가한 것이다.
- '이수영과 한 걸음 더!'는 이수영 박사가 국내 독자들의 이해를 돕기 위해 집필한 글이다.
- 각주는 편역자들이 원문에 덧붙인 설명이다.

# 누가 인공지능을
# 두려워하나?

### 생각하는 기계 시대의 두려움과 희망

토마스 람게 지음 | 이수영·한종혜 편역

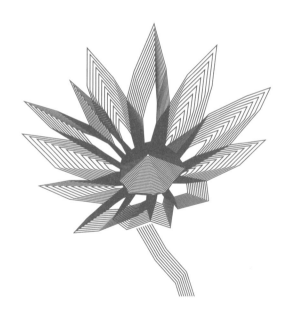

다섯수레

"고백건대 1901년까지만 해도
나는 동생 오빌에게 '인류가
하늘을 날려면 앞으로 50년은
더 걸릴거야' 라고 말했다."

– 1903년 인류 최초로 비행에 성공한
라이트 형제 중 형인 윌버 라이트<sup>Wilbur Wright</sup>

# 불가능이 가능해지는 순간 :
# 모든 것이 갑자기 변하기 시작한다

2004년 자율주행차 경주대회 '그랜드 챌린지'가 열렸다. 미국 국방고등연구기획청이 주최한 이 대회는 '모하비 사막 군사제한구역 내 240킬로미터 구간'을 주행한다는 조건으로 백만 달러 상금을 걸었다. 약 100개 팀이 의욕적으로 참가했지만, 가장 앞서가던 팀마저 12킬로미터도 못 가 멈추고 말았다. 8년이 지난 2012년, 당시 유튜브에서 유명했던 구글Google의 로봇 차량이 수십만 킬로미터의 무사고 도로 주행을 달성했다. 시간이 흘러 오늘날, 테슬라Tesla 차량의 운전자가 자율주행 모드로 운행한 거리를 다 합치면 16억 킬로미터가 넘는다. 때로는 자율주행차가 경고하는 까다로운 상황에서 운전자가 운전대를 잡아야 하지만, 불가능해 보이던 문제가 근본적으로 해결된 것이다. 2018년 자율주행 도중 사고가 일어나는 어려움이 있었지만, 완전 자율주행을 대중화하려는 계획은 이제 규모나 일정 같은 세부적인 조정만 남은 것 같다.

비행기가 발명되기 전, 수십 년간 항공 산업의 개척자들은 거창한 포부를 얘기했지만 계속해서 인류에게 실망만 안겨주었다. 1903년 라이트 형제가 노스캐롤라이나 키티호크Kitty Hawk에서 첫 비행에 성공하면서 드디어 항공기술의 시대가 열렸다. 오랫동안 허풍스러운 주장으로 일축되던 것이 갑자기 현실로 다가왔다. 인공지능에도 '키티호크의 시간'이 찾아온 것이다. 상대적으로 느린 데다 인상적이지도 못했던 수십 년간의 초기 개발 상태를 지나, 마침내 인공지능 기술이 작동하기 시작했다. 이제 사람들의 일상과 일터에서 수많은 혁신이 넘쳐흐르고 있다.

- 인간의 얼굴을 인식하는 컴퓨터 프로그램의 능력이 최근에는 인간을 능가한다.
- 사람의 목소리를 모방한 구글 어시스턴트Google Assistant는 전화기 너머 상대방이 인공지능 시스템과 대화 중이라는 사실을 전혀 눈치 못 채게 하면서 미용실 예약을 할 수 있다.
- 오늘날 컴퓨터는 이미 세계 최고의 의사들보다도 더 정확하게 특정 암세포를 식별하고 진단한다.
- 컴퓨터는 너무나 복잡한 바둑에서 인간을 이겼을 뿐 아니라

세계 최고의 포커 플레이어를 상대로 전략을 구사한다.

• 일본의 보험회사 후코쿠 뮤추얼에서는 IBM의 왓슨Watson 시스템을 기반으로 한 인공지능이 보험 계약자들의 개인적 계약 조항에 따라 의료비 상환을 계산한다.

• 세계 최대의 헤지 펀드인 브리지워터Bridgewater에서는 알고리즘이 단순히 투자를 결정하는 것 이상의 일을 하고 있다. 직원들에 대한 방대한 데이터를 가진 인공지능 시스템이 임원 역할을 한다. 인공지능 임원은 가장 바람직한 영업 전략이 무엇이며 최고의 팀을 누구로 구성할지 알고 있고, 승진할 사람을 추천하고 정리해고를 위한 권고도 한다.

인공지능은 자동화의 다음 단계 진화이다. 공사 현장에서는 중장비가 오랫동안 힘든 일을 해왔다. 공장의 제조 로봇은 1960년대 이후 점점 더 정교해졌다. 정보기술의 경우 아직까지는 주로 반복적인 일상 지식 업무만을 지원했다. 그러나 인공지능 덕분에 이제 기계는 인간만이 할 수 있다고 믿었던 복잡한 결정을 할 수 있게 되었다. 좀 더 정확히 말하면, 충분한 데이터를 확보한 인공지능 시스템은 오랜 경험과 지식을 갖춘 전문가, 이를테면 트럭 기사, 비서, 판매원, 의사, 투자 은행가, 인사 관리자보다 더 빠르고 더 적은 비용으로 더 나은 의사결정을 내릴 것이다.

인류가 키티 호크에서 동력 비행을 최초로 목격한 지 20년도 안 되어 새로운 산업이 생겨났고, 항공 여행은 세계를 근본적으로 바꿔놓았다. 인공지능도 비슷한 과정을 밟을 것이다. 데이터를 통해 학습하는 컴퓨터 알고리즘이 사람보다 효율적으로 업무를 처리할 수 있음을 스스로 입증한다면, 인공지능이 그 산업을 차지하게 되는 것은 필연이다. 인공지능이 장착된 자동차·로봇·드론과 같은 기계가 실물 세계의 오랜 자동화 과정을 다음 단계로 끌어올릴 것이다. 그들 사이에 통신망으로 네트워크가 형성되면 상호 협력하는 지능형 사물인터넷이 된다.

도요타 연구소 책임자인 길 프랫Gill Pratt은 라이트 형제의 첫 비행보다 훨씬 더 큰 역사적 도약을 시도하고 있다. 프랫은 최근

인공지능의 진보를 진화생물학에서 5억 4천만 년 전에 일어났던 캄브리아기 대폭발에 비유한다. 거의 모든 생명체의 기원이 그 시기에 생겨나 대규모 진화 경쟁을 벌인 결과, '눈'을 가진 최초의 복잡한 생명체가 탄생했다. 그들은 볼 수 있었기에 새로운 서식지를 정복할 수 있었고, 새로운 생물학적 지위를 개척할 수 있었다. 그리고 생물학적 다양성이 폭발했다. 시각은 중요하다. 어쩌면 생물학적 진화와도 같은 디지털 영상 인식의 성취 덕분에 인공지능도 이제 눈을 가지게 됐다. 따라서 인공지능은 주위 환경을 더 직관적으로 탐색해 학습할 수 있게 되었다. 매사추세츠 공과대학의 에릭 브린욜프슨Erik Brynjolfsson과 앤드루 맥아피Andrew McAfee는 진화론에 빗대어 인공지능 기술의 진보를 예견한다. "우리는 수없이 다양하고 새로운 종의 제품·서비스·프로세스·조직의 등장과 잇따른 많은 멸종을 함께 보게 될 것으로 예상한다. 예기치 못한 성공과 함께 납득할 수 없는 실패도 있을 것이다."

인공지능 연구자들과 기계학습 소프트웨어 개발자들은 강력한 시대적 대세에 올라타 전진하고 있다. 때로 투자를 바라는 신생 기업은 시스템이 실제로 데이터와 사례로부터 학습하는지 아니면 전통적인 프로그램 기법에 의해 주어진 명령만을 수행하는지 고려하지 않고, 디지털 응용 프로그램에 무턱대고 인공지능 꼬리표를 붙이려는 경향이 있다. 인공지능은 돈이 되고 있지만, 사실 연구비 후원자나 투자자 또는 사용자가 막상 결과물의 기술적 원리에 접근하기란 상당히 어렵다. 마치 마법의 성스러운 기운이 인공지능을 둘러싸고 있는 듯한데, 이런 현상이 처음은 아니다.

인공지능은 이미 여러 번 반복된 과대 선전의 시기를 지나왔다. 거창한 약속 뒤에는 항상 실망이 뒤따랐다. 기술적 한계에 부딪혔다고 여겨졌던 이른바 '인공지능의 겨울'이 있었다. 이 시기에는 인공지능을 열렬히 신봉하는 사람들 중에도 인공지능이 몽상에 불과하지는 않을까 의구심을 갖는 이들이 생겨났다.

그럼에도 이제 인공지능 연구는 지난 수십 년간 도전해왔던 문제에 획기적인 돌파구를 열었다. 그간 인공지능이 이룬 성과를 당연하게 여기지 않는다면 아마 우리는 인공지능에 더 후한 점수를 줄지도 모른다. 기계가 세계 챔피언보다도 정교하게 체스를 두거나, 시가지를 효율적으로 통과하는 길을 확실하게 보여주더라도, 우리가 받은 감동은 오래가지 않는다. 체스 프로그램, 내비게이션 앱이 대중화되자마자 사람들은 이런 기술을 일상적인 것으로 인식한다. 인공지능이 드디어 진가를 발휘하기 시작했는데, 사람들은 한때는 지능의 위업이라고 여겼으면서도 어느새 그 기술을 기계적인 일로 바라보고 있다.

오늘날 기계와 인간의 학습곡선을 비교하면 기계가 훨씬 급격하고 가파른 성장을 보인다. 이는 인간과 기계의 관계를 근본적으로 변화시키고 있다. 실리콘 밸리에는 작가이자 구글의 연구원인 레이 커즈와일Ray Kurzweil 같은 긍정적 이상론자들이 있다. 이들은 학습 능력이 월등한 기계가 우리 시대의 주요 문제를 모두 해결해줄 거라고 믿는다. 만능의 일반인공지능AGI, Artificial General Intelligence이 우리 삶을 더 쉽고 편안하게 만들고, 심지어-클라우드cloud상에서-영원히 지속되게 해줄 것이라고 생각한다.

반면 옥스퍼드 대학의 철학자 닉 보스트롬Nick Bostrom 같은 부정적 종말론자들은 초지능 기계가 권력을 장악하고 인간성이 종말을 맞게 될 것을 두려워한다. 이런 양극단의 주장은 주요한 기삿거리가 되고 있다. 인공지능이 가져올 변화를 두고 펼쳐지는 극단의 입장은 분명 사람들의 관심이 필요한 시장에서는 사업적으로 흥미로운 일이다. 어쨌든 이런 논쟁은 많은 사람의 관심을 불러일으키고 변화에 대해 다시금 돌아보도록 이끈다는 측면에서 바람직하다 하겠다.

이 새로운 기술이 주는 기회와 위험에 대해 알아보고 싶다면 먼저 기본적인 사항을 이해해야 한다. 다음 질문에 대해 납득할 만한 답을 찾아야 할 것이다.

• 도대체 인공지능이란 무엇인가?

- 인공지능은 지금 무엇을 할 수 있으며, 미래에는 무엇까지 할 수 있을까?
- 기계가 점점 더 지능화된다면 인간은 어떤 능력을 개발해야 할까?

이에 대한 좀 더 명확한 답을 찾아갈수록 우리는 더 근원적이고 중요한 질문에 답할 준비가 될 것이다.

- 우리는 인공지능을 두려워해야 하나?
- 아니면 인간이 인공지능을 악의적으로 사용하게 될 것을 우려해야 하나?
- 우리가 어떤 기술 체계를 준비해야만, 스스로 생각하는 기계가 약속대로 세상을 더 풍요롭고 안전하게 만들수 있을까?

# 1장

# 스스로 판단하는 기계의 등장
# : 자동화의 진화

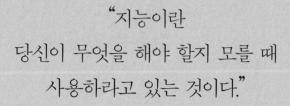

"지능이란
당신이 무엇을 해야 할지 모를 때
사용하라고 있는 것이다."

– 생물학자이자 발달심리학자

장 피아제<sup>Jean Piaget</sup>

## 인식, 판단, 그리고 실행

테슬라 자동차가 자율주행 모드로 고속도로 왼쪽 차선에서 시속 120킬로미터로 운전 중이다. 오른쪽 차선 앞쪽에서는 트럭 몇 대가 시속 85킬로미터로 주행하고 있다. 테슬라가 트럭이 줄 지어 가고 있는 근처까지 다가왔다. 맨 뒤에 있던 트럭이 앞서가 던 트럭을 추월하려고 왼쪽 깜빡이등을 켰다. 자율주행차는 복 잡한 결정을 내려야만 한다. 이런 경우 테슬라는 계속 같은 속도 로 주행해야 할까? 아니면 트럭이 차선을 변경하기 전에 속도를 높여 트럭을 통과해야 할까? 경적을 울려 트럭 운전자에게 경고 해야 할까? 아니면 테슬라의 주행 시간이 더 걸리더라도 안전을 기하기 위해 트럭이 추월하도록 브레이크를 밟아 양보해야 할까? 물론 급제동을 선택한다면 테슬라 뒤에 바짝 따라붙어 속도를 내는 스포츠카가 없는 경우에만 안전할 것이다.

몇 년 전만 해도 우리는 어떤 상황에서든 기계가 이런 결정 을 한다는 사실을 믿지 못했고, 당연하게 여기지도 않았다. 인 간은 교통 법규에 익숙하고, 경험을 통해 지식을 쌓아왔으며, 다 른 사람의 행동 패턴을 예측할 수 있고, 무엇보다 직감이란 것을 갖고 있다. 그런 인간이 직접 운전하는 것보다, 자율주행 기술이 승객을 더 안전하게 목적지까지 데려다줄 것이라는 사실은 통계적으로 입증되지 못했다.

오늘날에는 테슬라 운전자들이 많은 결정을 컴퓨터에 맡긴다. 위험 요소가 전혀 없지는 않다. 테슬라, 구글 혹은 전통적인 자동차 회사들의 자율주행차는 아직 완벽하지 않다. 이 회사들은 자율주행 시스템을 끊임없이 연구하고 있지만, 아직은 안전 측면에서 여러 기능을 보류하고 있다. 그러나 적어도 날씨가 좋고, 차선의 경계가 뚜렷한 고속도로에서는 오늘날의 자율주행차가 사람보다 더 나은 운전자임은 명백히 입증되고 있다. 자율주행차가 혼잡한 도시에서든, 밤중에든, 안개 속에서든 사람보다 안전하게 주행하고, 빙판길이 위험하니 오늘은 운전하지 말자고 스스로 결정하게 될 날이 곧 찾아올 것이다.

인공지능 연구자들이 오랫동안 해온 말처럼, 사람에게 어려운 일이 기계에게는 쉽지만, 반대로 사람에게 쉬운 일이 기계에게는 너무 어렵다. 자잘하지만 복잡하고도 다양한 의사결정을 수천 번이나 해야 하는 자동차 운전은 예전에는 컴퓨터에게 불가능한 일이었다. 왜 지금은 바뀌고 있을까? 간단히 말하자면, 데이터로부터 학습하는 소프트웨어가 제어 가능한 하드웨어와 결합되어 인식, 판단, 그리고 실행이라는 세 가지 핵심기술을 높은 수준으로 습득한 덕분이다.

테슬라와 방향지시등을 깜빡이는 트럭의 예에서, 위성 기반 위치 추적 내비게이션, 고해상도 카메라, 라이다 및 레이더 센서는 차량의 정확한 위치, 트럭의 속도, 도로 상태, 오른쪽에 비상 차선이 있는지에 대한 데이터를 아주 정확하게 알려준다. 테슬라의 영상 인식 소프트웨어는, 깜빡거리는 빛이 멀리 떨어진 건설 현장의 불빛이 아니라 트럭의 방향지시등 신호라는 것을 확실히 식별할 수 있다. 컴퓨터는 불과 몇 년 동안에 이러한 사물 인식 능력을 갖게 되었다. 오늘날 자율주행차는 도로 위에 놓인 물체가 밟고 지나가도 될 구겨진 종이인지 아니면 피해서 돌아가야 할 바위인지 구별해낼 수 있다.

시각 정보를 포함한 여러 센서 데이터는 차량의 인공두뇌, 즉 많은 컴퓨팅프로세서와 그래픽프로세서로 이루어진 소형 슈퍼컴퓨터로 흘러 들어간다. 컴퓨터는 실시간 데이터를 사전에 확보해둔 데이터와 미리 프로그래밍된 규칙들과 함께 처리하여 매 순간 수집되는 정보를 빠르게 분류하고 판단한다. 앞의 예에서 테슬라 차량은 차로에서 우선권이 있다. 교통 법규에 따르면, 트럭 운전자는 뒤에서 접근하는 차가 없는 경우에만 차선을 변경하고 추월할 수 있다. 그러나 수십억 킬로미터의 실제 도로 주행 데이터로부터 학습한 자율주행차는 트럭 운전자가 항상 교통 법규를 준수하지는 않는다는 사실을 알고 있다. 더 빠른 테슬라가 뒤에서 접근하고 있다 해도, 트럭이 차선을 바꿀 가능성은 상당히 크다. 또한 자율주행차는 심각한 사고 위험을 무릅쓰고 교통법규만 따르는 것은 승객을 위해 최선이 아님을 잘 알고 있다.

관찰된 상황과 프로그래밍된 규칙, 사전 경험을 바탕으로 자율주행차는 사고를 피하면서도 목적지까지 빨리 주행할 수 있는 여러 시나리오 중에서 확률이 가장 높은 최선의 방안을 찾아낸다. 이는 인지적 결정이며, 여러 가능성 가운데 하나의 실행경로를 선택하는 것이다. 이런 문제의 답을 찾아내는 가장 좋은 방법은 여러 변수를 모두 고려한 확률 계산이다.

부분 자율주행 혹은 운전 보조 시스템은 운전자에게 시스템의 판단을 행동 결정의 근거로 제공할 뿐이다. 만약 옆 차선의 트럭이 신호를 주면서 왼쪽으로 가려고 방향을 틀면, 시스템이 경고음을 울리고 운전자는 기계가 알려주는 경고를 따르거나 무시할 수 있다. 그러나 완전 자율주행차는 이름 그대로 상황 판단을 스스로 실행한다. 속도를 줄이거나, 경적을 울리거나, 더 방어적으로 운전할 수 있다. 이처럼 컴퓨터가 스스로 판단을 실행할 수 있는 이유는 자율주행차가 디지털 시스템과 물리 시스템을 연결해 짝지어놓은 매우 고도화된 가상물리시스템 Cyber-Physical System[1]이기 때문이다. 디지털 시스템을 통해 실시간 데이터를 분석하여 판단하고, 자동차의 연료·브레이크·운전대와 같은 물리적 시스템의 기능을 능숙한 솜씨로 제어한다. 항공기의 자동조종장치는 특별한 상황이 아니라면 어떤 기장보다도 정밀한 제어를 통해 이륙과 착륙을 실행할 수 있다. 고빈도 주식 거래에서 쓰이는 자동 매매 에이전트처럼 물리적 시스템 없이 온전히 디지털로만 구현되는 시스템도 판단의 실행에 하드웨어 제어가 필요하지 않을 뿐 의사결정을 구현하는 자동화 원리는 같다. 즉, 데이터로부터 패턴을 인식하고, 확률과 알고리즘을 통해 상황을 판단하며, 의사결정을 실행한다. 기계가 시장의 추세를 관찰하고, 유리한 거래를 할 수 있는 기회를 찾은 다음, '즉시 구매'를 클릭한다.

## 폴라니의 역설

인공지능 시스템의 본질은 지난 의사결정의 효과를 측정해서 그 결과를 미래의 의사결정에 포함하는 것이다. 인공지능은 피드백 회로를 기반으로 의사결정을 한다. 만약 앞에서 예로 든

---

1) 현실 세계에서 수집한 물리적 정보를 사이버 세계에서 분석하여 다시 현실 시스템을 제어하는 시스템.

상황에서 테슬라가 사고를 일으킨다면, 이 결과를 중앙 컴퓨터로 전송하고, 다른 모든 테슬라가 비슷한 상황에서 (바라건대) 더 방어적으로 운전할 것이다. 만약 대출 승인을 하는 인공지능 소프트웨어가 너무 많은 채무불이행을 내게 되면, 후속 대출 신청자에 대한 기준이 강화될 것이다. 만약 수확 기계가 덜 익은 사과를 너무 많이 골랐다는 피드백을 받으면, 다음번에 수확할 때에는 사과 표면의 붉은색과 녹색의 비율이 어느 정도면 수확에 가장 적정할지에 대해 더 나은 결정을 내릴 수 있다. 인공지능은 자체 행동의 결과를 파악해서 스스로 자기 능력을 향상시킨다는 점에서 고전적인 정보기술 시스템과 근본적으로 다르다. 스스로 자기 잘못을 바로잡는 기능(즉, 학습 기능)이 시스템 안에 내장되어 있는 것이다.

1940년대에 대형 컴퓨터가 처음 등장한 후, 컴퓨터 프로그래밍이란 것은 인간이 기계에게 어떻게 일해야 하는지에 대한 이론적 모델을 힘들게 가르치는 작업이었다. 이 모델들은 기계가 적용할 수 있는 특정한 규칙들을 포함하고 있다. 어떤 작업이나 질문에 적합한 데이터가 주어진 경우라면, 일반적으로 인간보다는 기계가 훨씬 더 빨리, 더 정확하면서도 안정적으로 문제를 해결할 수 있다. 고전적인 프로그래밍은 본질적으로 프로그래머의 머릿속 지식을 기계에게 전달하는 일이다. 이런 기술적 접근 방식에는 당연히 한계가 있다. 우리가 알고 있는 지식은 대부분 명시적이지 않고 암묵적이기 때문이다.

우리는 진화를 통해 얼굴을 인식할 수 있게 되었지만, 그 원리를 정확히 알지는 못한다. 조명이 어둡거나 얼굴 반쪽이 가려지더라도 어떻게 유명 가수나 배우를 알아볼 수 있는지 설명해주는 완벽한 이론은 없다. 아이들에게 스키나 수영을 가르치는 가장 좋은 방법을 정확하게 설명하는 것도 거의 불가능하다. 암묵적 지식의 또 다른 유명한 예는 "하드코어 포르노란 무엇입니까?"에 대한 답변이다. 미국 대법원 판사 포터 스튜어트Potter Stewart는 이 질문에 대해 법적으로 빈틈없는 정의를 찾으려 애썼지만 결국 "봐야 알 수 있다"라는 답밖에 내놓지 못했다. 이 암묵적 인지 문제는 알지만 설명할 수 없다는 '폴라니Polanyi의 역설'로 불리며, 지금까지도 소프트웨어 프로그래머들에게는 극복할 수 없는 한계이다. 이론이 없으면, 다시 말해 규칙으로 정리되지 않으면 인간의 지식과 능력을 기계에 전해줄 방법이 없다.

인공지능은 법칙이 아니라 학습을 기반으로 폴라니의 역설을 극복한다. 기계가 학습하는 법을 배울 수 있는 체계는 인간이 만든다. 인공지능 분야의 다양한 학파는 수많은 방법론과 접근 방식을 두고 경쟁하고 있다. 성공적인 주요 학파들뿐 아니라 그들 대부분은 컴퓨터에게 이론이나 규칙이 아닌 목표를 제공해야 한다는 기본 원칙을 따른다. 컴퓨터는 목표 달성 여부에 대한 많은 예와 피드백이 포함된 훈련 과정을 거쳐서 인간이 정한 목표에 어떻게 도달해야 할지 배운다.

이 때문에 피드백 회로를 통한 기계학습이 지능의 한 형태로 간주되는 것이 맞는지에 대한 의문이 제기된다. 많은 인공지능 연구자는 '인공지능'의 개념을 좋아하지 않고, 대신 '기계학습'이라는 명칭을 사용하는 것을 선호한다.[2]

## 강인공지능과 약인공지능

'인공지능'이라는 용어는 마빈 민스키Marvin Minsky를 비롯한 관련 컴퓨터 개척자들이 1956년에 유명한 다트머스Dartmouth 회의에서 언급한 이래 논란이 되어왔다.[3] 과학자들은 아직도 무엇이 인간 지능을 구성하는지에 대해 의견이 엇갈린다. 그렇다면

---

2) 인공지능은 '법칙 기반(Rule-based)'과 '학습 기반(Learning-based)' 인공지능으로 나뉜다. 초기의 '인공지능' 용어는 '법칙 기반'을 주로 의미했으나 최근에는 학습 기반 인공지능이 주류를 이루고 있다. 학습 기반 인공지능 연구자 중에는 '뇌 정보처리 메커니즘에서 아이디어를 얻어 오자'는 신경망(Neural Networks) 그룹과 확률을 근간으로 삼는 그룹이 있다. 더 자세한 내용은 2장의 편역자 평론에서 설명될 것이다.
3) 마빈 민스키가 다트머스 회의를 주도하기는 했지만, '인공지능' 용어 자체를 제안한 사람은 젊은 논리학자 존 매카시였다.

지능이란 개념이 기계에 적합할까? 인공지능에 대한 논의는 다음과 같은 근본적인 질문으로 쉽게 빠져든다.

- 자각이 없는 사고가 가능할까?
- 머지않아 기계가 인간보다 더 높은 지능을 갖게 될까?
- 기계가 스스로 더욱 지능화할 수 있는 능력을 갖게 될까? 그 과정에서 자아상과 자의식, 그리고 스스로의 관심사를 갖게 될까?

그렇게 된다면 우리는 생각하는 기계에게 인권을 부여해야 할까? 혹은 인간과 기계가 융합하여 '초인류transhumanist beings(트랜스휴먼)'[4]가 등장하고 인류의 진화는 다음 단계로 진행될 것인가?

이런 질문은 인간과 같이 인지적으로 발전된 인공지능, 즉 강인공지능Strong AI(일반인공지능)에 관한 것이며, 매우 중요하다. 이러한 기술의 장기적 파급 효과는, 핵무기 같은 경우처럼 나중에 돌이켜볼 것이 아니라 개발이 진행되는 동안에도 신중하게 고려되어야 한다. 이 책의 뒷부분에서 이 문제를 다룰 테지만 미리 걱정할 필요는 없다. 훨씬 더 시급한 문제는 오늘날이나 가까운 미래에 기술적으로 구현 가능한 '약인공지능'과 관련되어 있

---

4) 과학기술을 이용하여 생물학적 인간의 육체와 정신의 한계를 극복한 새로운 인간을 말한다.

다. 먼저 약인공지능Weak AI(좁은 인공지능Narrow AI)이 무엇을 의미하는지부터 명확히 짚고 넘어가자.

미국 철학자 존 설John R. Searle은 약 40년 전에 강인공지능과 약인공지능을 구별하자고 제안했다. 강인공지능은 당분간은 공상과학소설에서나 가능하다. 반면 약인공지능은 현시점에서 이미 작동하고 있다. 지금까지는 사람만이 두뇌를 써서 할 수 있다고 여겨지던 일, 예를 들면 보험회사의 사례 처리, 뉴스와 스포츠 기사 작성 같은 일을 컴퓨터 시스템이 수행한다.

인공지능은 물리적 기계장치에 내장되어 자동차뿐 아니라 공장, 농장 설비, 드론, 구조로봇, 간호로봇을 지능화한다. 여기서 '지능'이라는 단어는 우리가 인간에 대해 사용하는 것과 같은 의미로 쓸 수 있다. 그러나 스마트 기계가 작업을 완수하기 위해 인간의 접근 방식을 그대로 따르거나, 인간 뇌에서 일어나는 생화학적 과정을 거치는 것은 아니다. 인공지능은 대개 어떤 문제의 수학적인 해답을 자율적으로 찾고, 주어진 알고리즘을 스스로 개선하며, 심지어 새로운 알고리즘까지 독자적으로 개발할 수 있는 능력을 가지고 있다. 그래서 기계는 인간보다 더 빠르고 저렴하고 능숙하게 업무를 처리한다. 결과적으로 문제 해결 능력에 있어 기계가 인간을 압도할수록 인공지능은 빠르게 보급될 것이다. 그러나 '디지털 복사에는 비용이 들지 않는다'는 디지털혁명 전도사들의 주장처럼 기술 보급에 비용이 안 드는 것은 아니다. 현재 디지털 기술은 비싸고, 적어도 한동안은 그럴 것이다. 이런 사실은 아마도 각 기업의 최고정보책임자가 가장 잘 알고 있을 것이다. 그럼에도 이 새로운 기술을 도입하고 보급하는 주기가 점점 짧아지고 있다는 것은 경험적으로 입증되고 있다.

문화적 차이는 혁신기술의 수용 속도를 빠르게 하거나 늦춘다. 로봇을 유럽에서는 적으로, 미국에서는 하인으로, 중국에서는 동료로, 일본에서는 친구로 여긴다. 그러나 세계 어디서든 장기적 관점에서 기술 도입 속도에 중요한 문제는 투자에 대한 수익률이다. 수익은 대부분 돈으로 측정된다. 아마존Amazon은 판매원 없이 카메라, 센서 그리고 전자태그RFID[5] 칩을 사용하여 고객의 쇼핑 카트에 담긴 물건 값을 자동으로 합산하는 소규모 도심 무인 상점에 투자할 때, 자동화 선반과 금전등록 시스템에 써야 하는 돈과 절약되는 인건비를 따져 몇 개월 또는 몇 년 안에 원금 회수가 가능할지 계산했을 것이다. 그러나 뉴욕게놈센터가 노련한 인간 의사라도 160시간이 걸렸을 유전자 분석을 IBM의 왓슨을 이용하여 10분 안에 처리하고 환자의 질병이나 부상에 대해 성공 확률이 높은 치료법을 제안하도록 한다면, 투자에 대

---

5) 전자파를 이용하여 직접 접촉하지 않고도 원거리에서 정보를 인식하는 기술.

한 수익은 단지 돈으로만 계산되지 않고 얼마나 많은 사람을 살렸는가로 측정될 수 있다.

"인공지능은 전기가 그랬던 것처럼 세상을 크게 바꿀 것이다." 이와 비슷한 서술은 인공지능에 관한 여러 기사나 연구에서 흔히 보인다. 기술 진보에 의한 패러다임 변화의 시기에는 전문가의 예측, 특히 지나치게 장밋빛 미래를 제시하는 예측에 특별한 주의를 기울여야 한다. 근본적인 틀은 변하지 않더라도, 과거의 데이터를 통한 미래 예측은 절반 정도만 가능하다.

이런 관점에서 디지털화는 그 자체로 매우 역설적이다. 디지털 기술에 힘입어 인류는 더 많은 데이터와 분석을 통해 더 향상된 미래 예측력을 가지게 될 것이다. 그러나 디지털 기술은 이전의 방식을 송두리째 바꾸는 특성이 있기 때문에 예측 불가능한 변화를 가져올 것이다. 그럼에도 우리는 지능화된 기계가 앞으로 20년 이내에 우리의 삶과 일, 경제·사회를 근본적으로 흔들어 놓을 것이라고 확신한다. 전기가 세상을 바꾸었듯이, 데이터로부터 학습하는 인공지능이 분야를 아우르는 통합 기술로 대표되는 한 그럴 것이다. 내연 엔진, 플라스틱, 인터넷처럼 인공지능은 다양한 영역에 영향을 미칠 것이고, 지금 우리가 상상도 못하는 여러 혁신기술의 등장에 단초가 될 것이다.

전기의 도입으로 오늘날 인류가 많은 것을 누리는 것이 가능해졌다. 전기 덕분에 전동 열차, 대량 생산용 조립 라인, 도서관 조명, 전화, 영화 산업, 전자레인지, 컴퓨터, 배터리로 구동하는 화성 탐사 로버가 가능해졌다. 지금은 전기가 없는 현대 생활을 상상할 수도 없다. 스탠퍼드 대학 교수이자 구글과 바이두Baidu에서 인공지능 팀을 이끌었던 앤드루 응Andrew Ng은 인공지능이 어느 분야에 영향을 줄 것인가 하는 질문에 이렇게 답했다. "인공지능이 어떤 산업을 변모시키지 않을까를 생각하는 것이 더 쉬울 것이다." 이제 이 대답은 미래에 대한 진술이 아니다. 긍정적인 면과 당혹스러운 면을 모두 가지고 있는 현재의 상황이다.

## 기계를 향한 분노?

인공지능 시스템이 인간의 직업을 없애기만 할지, 아니면 이전의 기술 혁명이 일어났을 때처럼 두 번째 파도를 통해 새로운 일자리를 창출할지에 대해 오늘날 누구도 확실하게 예측할 수 없다. 19세기 초, 산업혁명 후 기계에게 일자리를 빼앗겼다고 여긴 사람들은 러다이트 운동[6]을 일으켜 영국 중부 최초의 기계

---

6) 19세기에 영국 노동자들이 벌인 기계화 반대 운동.

식 방직기를 대형 해머로 부숴버렸다. 기계를 향한 분노였다! 그들은 자신을 파괴한다고 생각되는 것은 무엇이든 파괴했다. 그러나 그 분노는 그들 자신에게 별 도움이 되지 않았다. 산업의 생산성과 국가 GDP는 급격히 증가한 반면, 노동 조건은 악화되었다. 자동화에 대한 투자가, 높은 임금과 더 나은 사회 안전망의 형태로 그들의 자녀와 손주들에게 돌아오기까지 수십 년이 걸렸다. 기계를 거부하고 파괴하려 했던 이들은 고전경제학자 데이비드 리카도가 '기계화의 문제'라고 요약했던 경제·사회적 대격변 시대의 잃어버린 세대가 되었다. 역사가 로버트 앨런Robert Allen은 1790년에서 1840년까지의 임금 정체기를 '엥겔스의 멈춤Engels's pause'[7]이라는 말로 표현한 바 있다.

'기계화의 문제'는 인류 사회가 발전하면서 저절로 해결되었다. 농업의 기계화는 탈곡기가 농민들을 대체하도록 만들었지만, 산업화는 탈곡기를 비롯해 다양한 기계를 제작하는 기계기술자라는 직업을 만들어냈다. 그뿐 아니라 수많은 회계장부를 담당할 회계원들이 필요해졌고, 나중에는 공장 생산이 가져온 '규모의 경제' 덕분에 값싸면서도 좋은 품질의 상품을 고객에게 효과적으로 연결해줄 마케팅 전문가가 필요해졌다.

---

7) 이 시기에 노동자 1인당 생산량은 늘었지만 임금은 거의 오르지 않았다.

낙관론자들은 이번에는 과거와 같은 '엥겔스의 멈춤' 없이 빠른 적응과 그 혜택을 기대하고 있다. 그들은 학습하는 컴퓨터 시스템이 수년 이내에 상당한 생산성 향상과 GDP 성장을 가져올 거라고 생각한다. 또 이러한 생산성 향상이 개인, 회사, 그리고 사회가 더 많은 교육과 더 좋은 일자리에 투자하도록 할 가능성을 강조한다. 컨설팅 회사 액센츄어Accenture는 연구를 통해 인공지능 덕분에 미국은 2035년까지 매년 4.6퍼센트 경제 성장을 이룰 것이며, 이는 인공지능이 없을 경우에 비하면 두 배에 달한다고 계산했다. 독일 역시 성장률을 두 배로 늘려 2035년까지 매년 2.7퍼센트 성장할 것으로 보았다. 일본에서는 인공지능이 퇴직자에 비해 일할 사람이 너무 적은 인구 고령화의 고민을 해결해줄 수 있다고 예측했으며, 인공지능과 로봇이 고질적인 경기불황을 극복하게 해줄 것으로 기대했다.

　인공지능으로 인한 경기 활성화 전망은 역시 중국에서 최고일 것으로 보인다. 중국은 인공지능의 개발과 활용에 필요한 모든 중요한 요소를 풍부하게 갖추고 있다. 그 3요소는 자본, 저렴한 컴퓨팅 자원, 그리고 중국 내에서 급격히 늘어나 배출되고 있을 뿐 아니라 미국 대학과 스타트업 기업으로부터 밀려들어 오는 유능한 연구개발자들이다. 더욱 중요한 것은, 사우디아라비아가 원유 생산국이듯, 중국이 인공지능 학습을 위한 거대한 데이터 생산국이라는 점이다. 14억 인구가 전 세계 데이터의 절반을 생성한다. 특히 이 데이터는 주로 컴퓨터가 아니라 무선통신 모바일 기기를 통해 만들어지기 때문에 인공지능 시스템의 데이터 마이닝data mining에 아주 적합하다. 개인정보 보호와 정부 통제라는 관점에서 볼 때는 우려스러운 면이 있다. 그러나 경제적인 관점에서 보면 중국이 더 빨리 경제 초강대국이 되어 수백만 명의 사람들이 빈곤에서 벗어날 기회가 될 것이다.

이 행복한 시나리오의 반대편에는 얼마나 많은 노동인구가 인공지능으로 대체될지를 계산한 노동경제학자들의 우울한 예측이 있다. 그들의 예측에 따르면, '규모의 경제'와 '네트워크 효과'에 기인한 비용 절감 경쟁은 세계적인 대량 실업을 불러올 것이다. 2013년 옥스퍼드 대학 교수 마이클 오즈번Michael Osborne과 칼 프레이Carl Frey는 미국 내 일자리의 절반이 심각하게 위협받게 될 것으로 예상했다.

동료 경제학자들이 이 연구의 방법론에 의문을 제기하기는 했지만, 이 발표를 계기로 전 세계적으로 꼭 필요한 논의가 시작되었다. 사실 자동화의 세 번째 큰 물결이 승자와 패자를 가르는 동안, 패자에 속한 사람들이 그저 작은 선의와 정부의 재교육 프로그램을 통해 괜찮은 새 일자리를 다시 찾을 수 있다고 믿는 것은 너무 순진한 생각일 수 있다. 오늘날 미국과 유럽의 많은 사람들은 디지털화가 노동 시장을 양극화한다는 인상을 받고 있다. 고등교육을 받은 디지털화의 승자들은 데이터 자본주의를 위한 도구를 만들고 운영하며 쾌적하고 소득이 많은 직업을 누리는 반면, 그렇지 못한 대부분의 사람들은 언제든 대체될 수 있는 단순 직업으로 내몰린다.

과장되었다고 볼 수도 있겠지만 현 상황은 명확하다. 인공지능과 로봇의 사용이 가속화되고 고용에 영향을 끼칠 것이다. 다만 그 영향이 어떤 방식으로 나타날지를 알 수 없을 뿐이다. 낙관적이든 비관적이든 그 예측의 변수에는 불확실한 요소가 너무나 많다. 우리는 다가올 세대의 인공지능이 어떤 종류의 업무를 얼마나 잘해낼지, 또 얼마나 역동적으로 퍼져나가게 될지 짐작할 수 없다. 변화의 속도가 예측을 더욱 어렵게 만든다. 인공지능이 인간의 일터로 더 빠르게 확장해 들어올수록, 사람들이 개인적인 직업 역량이나 사회적 안전 시스템을 준비할 시간이 줄어든다. 자동화의 물결에 밀려난 새로운 잃어버린 세대가 될 가능성이 크다. 모든 예측의 불확실성에도 불구하고 지금까지도 전 세계 정치인들은 다가오는 자동화 물결의 도전에 대한 현명한 대책을 세우지 못했다. 다시 새롭게 다가오는 '기계화의 문제'에 잘 대처할 준비가 되어 있지 않은 것이다.

## 인공지능의 결함

피드백 회로를 통해 스스로 세상과 자신을 점점 더 잘 이해하는 초지능은 나타날 것인가? 인류를 더욱 압박하는 질문일지도 모르겠다. 옥스퍼드 미래인류연구소 소장 닉 보스트롬이 말했듯이, 인공지능은 '가장 높은 곳에서 심사숙고하는 존재'라는 지위에서 인간을 물러나게 할 것인가? 그 결과 인간은 더는 인공지능을 제어하지 못하고, 공상과학소설에서처럼 인류에 대적하는 초지능에게 결국 몰살당하게 될 수도 있을까?

다행히 우리가 내다볼 수 있는 미래까지는 인공지능이 인류를 노예로 만들지는 못할 것이다. 컴퓨터가 200년 후에 무엇을 할 수 있을지는 아무도 모르지만, 우리가 아는 한 현재 컴퓨터 과학자들은 인공 초지능을 가능하게 할 어떤 기술적 방법도 알지 못한다. 세상의 종말은 이렇게 다시 한 번 미뤄지고 있다. 인공지능 시스템에는 선천적인 약점이 있다. 이 때문에 잘못된 결정을 내릴 수도 있고 사용이 제한된다. 그러니 우리는 부단히 경계해야 한다. 우리는 인공지능 알고리즘이 어떻게 작동하는지 항상 비판적으로 들여다봐야 하는 무거운 짐을 지고 있다.

놀랍게도 인공지능의 약점은 인간을 꼭 닮았다. 예를 들어 인공 신경망이 마치 사람처럼 편견을 가지기도 하는데, 이는 소프트웨어 개발자가 프로그래밍한 것이 아니라 학습한 데이터로부터 암묵적으로 배운 것이다. 만약 대출 허가 업무를 보조하는 인공지능이 학습 데이터로부터 소수 민족, 53.8세 이상의 남성, 노란색 헬멧을 쓰고 8단 변속 자전거를 타는 사람이 대출을 제대로 갚지 않는다는 사실이 있다고 믿게 되었다면, 이 내용이 아무리 불법적이고 터무니없다고 해도 이 인공지능은 이러한 판단에 근거하여 대출 점수 모델을 만들 것이다. 이렇게 학습된 편견은 기계가 드러내지 않기 때문에 더 위험하다. 이런 인공지능 의사결정 시스템은 인종 차별적 비방을 입 밖으로 흘리지 않는다.

만약 인종 차별이 의심스러운 경우가 있다면 우리 인간은 적어도 무엇을 주의 깊게 살펴야 할지 알고, 선한 의도로 이를 바로잡을 수 있다. 컴퍼스Compas라는 인공지능 시스템은 재범 가능성과 같은 위험 요인에 기초하여 선고 형량, 보석이나 가석방 가능 여부를 결정하도록 미국 판사들을 돕는데, 이 시스템에서도 같은 문제가 발견되었다. 이 시스템은 아프리카계와 라틴계 사람들에게 불리하게 작동했다고 의심받았으며, 이후 편견이 내재된 인공지능 시스템의 교과서적인 사례가 되었다. 미래에 인공지능이 많은 분야에 적용될 때, 우리는 기계의 편견을 너무 늦게 인지하거나 전혀 인지하지 못할 수도 있다. 기계가 노란 헬멧을 쓴 자전거 운전자를 차별하고 그 때문에 터무니없는 결정을 내릴 것이라고 누가 생각하겠는가?

　자동의사결정 시스템 개발자들은 기계의 편향성[8]에 대한 기술적 해결책을 찾기 시작했다. 예를 들어 2018년 9월 IBM은 기계학습 모델의 편견을 검사하기 위한 프로그램 소스 코드를 공개했다. 이 프로그램은 '인공지능 공정성 360'이라 불리는데, 앞으로도 이와 유사한 프로그램이 많이 나와 공개될 것이다. 인공지능 회사들은 인공지능 시스템이 사회에서 수용되려면 시스템에 대한 사람들의 신뢰가 필요하다는 것을 알고 있다. 이때의 신뢰란 단지 공정성에 대한 것뿐만 아니라, 시스템의 결정을 설명할 수 있는 충분한 근거를 사용자에게 제공할 수 있어야 한다는 것을 말한다.

사람들은 인공지능 시스템의 '설명 가능성'을 점점 더 요구하게 될 것이다. 만약 기계가 어떤 환자에게 특정 화학 요법을 권장한다면, 마치 신탁을 받은 예언자처럼 단순히 조언을 내뱉어서는 안 된다. 문제에 대한 최선의 해결책으로 어떻게 결론에 도달했는가를 담당 주치의에게 설명할 수 있어야 한다. 이러한 개연성과 설명 기능은 이미 기초적인 형태로는 존재하지만, 근본적인 문제점에 직면해 있다.

신경망의 학습 과정은 수많은 신경세포들 사이의 연결, 즉 시냅스synapse 값 변화의 결과이며, 이 시냅스 하나하나가 신경망의 총체적 학습 결과에, 더 정확하게는 의사결정에 조금씩 영향을 미친다. 따라서 의사결정 과정이 너무 복잡하여, '믿을 만한' 결정에 도달한 이유를 인간에게 설명하거나 보여줄 수 없다. 이 현상은 기술 발전의 역사에 있어 웃기지도 않은 농담이 되었다. 이제 인간이 아니라, 인간에게 설명할 수 있는 것보다 더 많이 알고 있는 기계가 폴라니의 역설을 겪게 되었다. 이는 결과적으로 인공지능 시스템이 저지르는 실수를 인간이 발견하더라도 그 실수를 고칠 방법이 없음을 의미한다. 기계는 자신의 실수 자체를 모르기 때문에, 그 실수가 어디서 발생했는지 알려줄 수 없다.

---

8) 최근에는 '편향성'이라는 부정적 단어 대신 '공정성'이라는 긍정적 단어를 많이 쓰기 시작했다.

이 뒤집힌 폴라니의 역설에 대한 해답은 다시 '계몽주의의 기원'으로 돌아가 찾아야만 한다. "우리는 기계가 우리에게 말하는 모든 것을 의심하고 사유해야 한다." 논리와 과학을 기반으로 하는 계몽주의를 토대로 찰스 배비지Charles Babbage가 19세기 중반에 최초의 컴퓨터를 고안했고, 콘라트 추제Konrad Zuse가 한 세기 후 첫 번째 프로그래밍 가능한 컴퓨터를 구축했다. 팀 버너스 리Tim Berners-Lee가 컴퓨터를 전 세계 네트워크로 연결하면서, 이 거대한 디지털 기계는 인간이 만들어낸 가장 강력한 도구가 되었다. 이제 기계는 어떻게 학습해야 하는지를 배우고 있으며, 인간과의 차이를 줄여나가고 있다.

우리는 이 기계 조력자가 언제 우리에게 유용한지, 어떤 상황에서 우리의 사고와 판단을 방해하는지 이해해야 한다. 우리는 어떤 사람의 목소리를 모방하거나 얼굴을 다른 사람의 몸에 합성하는 딥페이크deepfake 같은 인공지능 조작의 시대를 어떻게 지혜롭게 헤쳐나가야 하는가를 배워야 한다. 유사한 의견과 목소리만을 반복해서 들려주는 환경을 통해 사람들의 정치적 사고가 과격해지도록 소셜미디어 정보를 조작함으로써, 언젠가는 인공지능 알고리즘이 민주주의를 전복시킬 수도 있음을 깨달아야 한다. 전 세계 민주국가의 시민들과 정치인들은 군이 어떻게 인공지능 무기를 사용하려 하는지를 주의 깊게 감시해야 한다.

제복을 입은 사람이 아니라 입법권자가 기계가 방아쇠를 당길 경우 발생할 모든 윤리적 문제를 결정해야 한다. 인공지능 개발자는 그들의 연구가 만약 인공지능에게 인간의 죽음을 결정하는 판단이나 실행이 가능하도록 하는 것이라면 신중히 재고해야 한다. (구글의 많은 인공지능 연구자가 이러한 연구에 참여하지 않기로 결정했기 때문에, 2018년 6월 구글은 직원들을 분노케 한 국방부와의 계약 갱신을 거절했다.)

그러나 두려움 때문에 인공지능이 품은 희망을 간과해서는 안 된다. 의사결정의 자동화는 개인과 단체 그리고 지역 공동체에 크나큰 기회를 가져올 것이다. 기계가 의사결정을 더 잘할 수 있게 될수록, 인간은 인공지능에게 어떤 의사결정을 위임할 것인가를 더 신중하게 생각하고 결정해야 한다. 인공지능에 의한 의사결정 자동화의 시대에, 기계는 그럴 필요가 없지만 인간은 자신의 결정에 행복해야만 하기 때문이다. 기계는 결코 우리가 행복이라고 정의한 것을 느끼지는 못할 것이다.[9]

---

9) 사람의 감성을 이해하고, 스스로도 감성을 가진 인공지능에 대한 연구도 활발히 진행되고 있다. 물론 '감성'에 대한 정의에 따라 다르겠지만.

2장

———

# 인공지능의 아주 짧은 역사
# : 튜링의 계승자들

"발전은 한 때는 좋았지만
이제는 잘못된 방향으로 가고 있다."

– 미국의 시인 오그던 내시Ogden Nash

## 챗봇[1] 튜링 테스트

"기계는 생각할 수 있는가?" 영국의 수학자이며 암호 해독가이자 컴퓨터 선구자인 앨런 튜링이 1950년 전설적인 논문 〈계산 기계와 지성Computing Machinery and Intelligence〉의 서두에서 제기한 질문이다. 튜링은 "이 질문에 답하려면 '기계'와 '생각'이 무엇인지부터 정의해야 한다"고 했다. 튜링의 탁월한 재능은 이미 제2차 세계대전 중에 빛을 발했다. 그는 전기기계 방식의 봄브Bombe[2] 계산기로 독일의 에니그마Enigma[3] 암호체계를 해독하여 컴퓨터 과학에서 첫 번째로 꼽히는 위대한 업적에 결정적으로 기여했다. 덕분에 연합국은 나치의 모든 무전 통신 내용을 이해할 수 있었다.

튜링은 "생각하는 기계란 무엇인가?"라는 관념적 질문에 대답하기 위해 다음과 같은 실제적인 테스트를 제안했다. "만약 사람이 통신망을 통해 컴퓨터와 대화하면서 자신의 대화 상대

---

1) 대화(chat)와 로봇(bot)의 합성어로 사람과 대화하는 프로그램 또는 기계.
2) 제2차 세계대전 중 독일의 암호 전송문을 해독하는 데 사용된 영국의 전기기계식 계산 장치.
3) 20세기 초반부터 중반까지 사용된 암호화 장치로, 제2차 세계대전 중 독일에서 많이 사용했다.

가 사람인지 기계인지 구별하지 못한다면 그 컴퓨터는 '지능이 있는' 것으로 간주된다."[4]

튜링은 문자 교환이 가능한 텔레타이프 기기를 매개로 이 테스트를 수행할 수 있음을 염두에 두었다.[5] 그는 자신이 설계한 실험을 적어도 당분간은 실제 구현이 쉽지 않은 '사고 실험'으로 생각하면서도, 연구자들이 컴퓨터에게 정밀한 수치 계산 이상의 것을 가르치도록 자극이 되기를 바랐다. 그 후 20여 년이 지나서야 초보적인 방식으로 사람과 대화가 가능한 최초의 대화 프로그램이 생겨났다. 그렇기는 해도 '생각하는 기계'에 대한 질문들이 1950년경에 등장한 것은 결코 우연이 아니다. 그 시점까지 과학기술이 두 가지 측면에서 충분히 발전해온 덕분에 인간은 묻고 대답하는 기계를 상상해볼 수 있게 되었다.

지능적 기계를 구현하려면 최소한 두 가지 기술 요소가 필요하다. 즉, 논리 규칙들의 탄탄한 체계와, 이를 바탕으로 정보를 처리하고 결론을 도출하는 물리적 장치가 있어야 한다.

아리스토텔레스를 기반으로 한 고전 논리학의 토대는 계몽

---

4) 이는 '튜링 테스트(Turing test)'로 불리며, 현재까지도 인공지능의 주요 검증 기준으로 사용된다.
5) 이 시대의 음성합성, 즉 컴퓨터가 말하는 기술은 음질이 떨어져서, 사람이 아니라는 것을 음성만 듣고도 쉽게 알 수 있었다.

주의 시대부터 20세기 초까지 고트프리트 빌헬름 라이프니츠 Gottfried Wilhelm Leibniz, 조지 불George Boole, 고틀로프 프레게Gottlob Frege, 버트런드 러셀Bertrand Russell, 앨프리드 노스 화이트헤드 Alfred North Whitehead와 같은 많은 철학자와 수학자들에 의해 더욱 발전했다. 1930년대 쿠르트 괴델Kurt Gödel은 완전성 정리와 불완전성 정리를 발표하여 논리를 통해 무엇이 가능하고 무엇이 불가능한지를 보여주었다. 이 같은 과정을 통해 기본적인 논리 목록이 만들어져 복잡한 알고리즘 구현이 가능해졌다. 알고리즘은 다시 컴퓨터 언어로 쓰여 컴퓨터가 주어진 작업을 수행하도록 하는 데 사용된다.

1936년에 이미 앨런 튜링은 알고리즘으로 풀 수 있는 모든 문제를 계산기계(컴퓨터)가 풀 수 있음을 증명했다. 이에 대한 그의 이론적 모델은 나중에 튜링머신Turing machine으로 불렸다. 다소 혼란스러울 수도 있지만, 튜링머신은 물리적인 장치가 아니라 수학적인 개념이다. 그때까지만 해도 튜링의 모델을 구현할 수 있는 기계가 없었다. 그러나 오래 기다릴 필요는 없었다. 1941년 독일 엔지니어 콘라트 추제가 중요한 돌파구를 만들어냈다. 그는 제트3Z3을 통해 프로그램이 가능한 자동 디지털 컴퓨터를 최초로 만들어냈다. 이 디지털 기계는 1과 0의 이진 코드를 사용해 비행기 날개의 진동을 계산하도록 설계되었다. 선도적이었던 이 계산기계는 아쉽게도 1943년에 공습으로 파괴되었다.

그 후 디지털 기술의 진보는 미국에서 가장 빠르게 진행되었다. 1946년에 에니악Electronic Numerical Integrator and Computer(ENIAC)이 일반인들에게 공개되었다. 이를 위한 개발은 펜실베이니아 대학에서 1942년부터 시작되었으며 주로 포병대를 위한 포탄 발사 궤적 표를 계산하려는 목적이었다.

튜링이 1950년에 유명한 튜링 테스트를 통해 '생각하는 기계'의 개념을 재정립할 무렵까지, 에니악의 후예들은 이미 탄도체의 비행경로를 안정적으로 계산하고 있었다. 미국 국방 예산에서 충분한 자금을 제공받은 대학과 산업체의 연구개발자들은 하드웨어의 계산 성능을 빠르게 향상시켰으며, 첫 인공지능 프로그램을 구동할 수 있는 준비가 진행되고 있었다. 그리고 인공지능은 곧 이 새로운 학문 분야에 이름을 붙여줄 역사적인 학술회의에서 처음으로 소개된다.


## 다트머스에서의 시작


1956년 여름, 약 20명의 수학자, 정보이론가, 인공두뇌학자, 전자공학자, 심리학자와 경제학자들이 뉴햄프셔주 다트머스 대학에서 8주간 진행된 '인공지능에 관한 다트머스 여름 연구 프로젝트'에 모였다. 주최 측은 록펠러 재단에 제출한 지원금 신청서에서 "학습, 혹은 그 밖의 지능의 다른 특성들은 원칙적으로 모든 측면에서 매우 정밀하게 서술될 수 있기 때문에, 이를 그대로 따라 하는 기계를 만들 수 있다"라고 했다. 회의 참석자들은 '생각'이 인간의 두뇌 밖에서도 존재할 수 있다는 데 동의했다. 그들은 뇌의 '신경망' 뒤에 숨겨진 비밀을 밝힐 수만 있다면 전자두뇌를 만들 수 있다고 생각했다. 이런 사고방식은 인간을 하나의 기계로 보았던 200여 년 전 프랑스 철학자 쥘리앵 오프루아 드 라 메트리Julien Offray de La Mettrie의 생각에 기반을 두고 있다. 다트머스에서는 이를 달성하기 위한 방안이 두 달 동안 치열하게 논의되었다.

개념적인 질문들에 대한 논란이 끊임없이 이어졌기 때문에, 회의 참석자들은 앨런 뉴얼Allen Newell과 허버트 사이먼Herbert A. Simon, 클리프 쇼Cliff Shaw가 시연한 '논리이론가Logic Theorist'라는 이름의 컴퓨터 프로그램에 주의를 기울이지 못했다. '논리이론가'는 인간의 문제 풀이 방식을 의도적으로 모방하여, 사람들이 이전에 해온 것보다 더 세련되게 수학의 정리들을 증명할 수 있었다. 숫자뿐 아니라 기호와 부호도 처리할 수 있는 최초의 컴퓨터 프로그램이었으며, 이로써 컴퓨터가 인간의 말을 이해하고 문장을 인식하도록 가르치는 데 가장 중요한 기초 중 하나가 마련되었다. 그러나 참석했던 연구자들은 이러한 혁신에 주목하지 못했고, 심지어 '논리이론가'의 개발자들조차도 자신들의 프로그램이 얼마나 선구적인지를 인지하지 못했다.

그러는 동안 인공지능의 개념을 놓고 갑론을박이 계속 이어졌다. 이 회의의 지원금 신청서에 처음 사용된 '인공지능'은, 존 매카시John McCarthy가 붙인 이름이었다. 존 매카시는 매사추세츠 공과대학의 마빈 민스키, 벨 연구소Bell Lab의 클로드 섀넌Claude E. Shannon, IBM의 너새니얼 로체스터Nathaniel Rochester와 함께 이 모임을 주도한 젊은 논리학자였는데, 그조차도 인공지능의 개념을 명확히 설명하지 못했다. 그러나 인공지능의 준말 'AI'는 간결하고 분명해서 언론의 눈길을 끌었고, 그 후 수십 년 동안 연구비나 프로젝트 투자 유치를 위한 효과적인 마케팅 용어로 탁월하게 기능했다. 많은 참가자들은 연구의 결과물들을 충분히 다루지 못했다고 느끼며 다트머스를 떠났다. 그렇다고는 해도 다트머스 회의가 인공지능의 신기원이었다는 사실이 바뀌지는 않는다.

자신의 연구실로 돌아간 존 매카시는 리스프LISP 프로그래밍 언어를 개발했는데, 이는 곧 여러 인공지능 응용 프로그램에 사용되었다. 미국의 많은 대학에 훌륭한 설비가 갖추어진 연구소들이 설립되었다. 카네기멜론, 매사추세츠 공과대학, 스탠퍼드가 인공지능 연구의 중심으로 확장되었다. 대부분 다트머스 회의의 참가자들이 새로 만들어진 연구소들을 이끌었다. 처음에는 열광과 희열이, 그다음에는 돈이 따라왔다. 미국 국방부와 IBM 같은 기업들이 스마트 컴퓨터에 적극적으로 투자했다. 연구는 대중문화로도 번졌다. 곧 미국에서는 웨스팅하우스일렉트릭Westinghouse Electric에서 만든 투박한 로봇이 "내 두뇌가 네 것보다 크다"고 시청자들에게 말하는 장면이 텔레비전 방송을 타게 되었다. 뒤이어 유럽과 일본에서도 연구비 지원 프로그램이 시작되었다. 몰려든 돈은 여러 분야에서 최초의 성공들로 이어졌고 사람들, 특히 비전문가들에게 깊은 인상을 주었다.

1959년 아서 새뮤얼Arthur Samuel은 최고 실력자들과 겨룰 수 있는 체커 프로그램을 개발했다. 이전까지의 프로그램은 기본 규칙을 아는 수준 이상을 넘지 못했고, 숙련된 인간을 이길 가능성은 전혀 없었다. 전기공학자인 새뮤얼은 IBM의 메인프레임 컴퓨터에게 혼자서 자신을 상대로 체커 시합을 반복하도록 하고 그 결과 특정 상황에서 두는 각 수가 승리의 가능성을 얼마나 높이는지에 대한 확률을 모두 기록하도록 가르쳐 획기적인 발전을 이루어냈다. 이렇게 해서 인간은 독립적으로 학습하는 방법을 기계에게 처음으로 가르쳤고, 기계학습에 대한 접근법과 개념이 탄생했다. 곧 인간 선생은 트랜지스터로 만들어진 제자를 이길 수 없게 되었다. 이후 이런 일은 체스, 바둑, 포커 등 다른 게임에서도 반복되었지만, 인공지능 연구자들이 처음에 예상했던 것보다는 많이 늦어져서 체스의 경우에는 1997년에야 실현되었다. 그러는 동안 인공지능은 체스나 바둑 같은 게임보다 훨씬 실용적인 부문에서도 성공의 기록을 남겼다.

## 컴퓨터 전문가와 전문가 컴퓨터

1959년, 다목적 활용이 가능한 유니메이트Unimate 로봇이 제너럴모터스General Motors의 조립 라인에 투입되어 일하기 시작했다. 10년쯤 더 지나서는, 최초의 부분 자율 로봇 쉐이키Shakey가 카메라와 센서로 주변을 탐색하고 무선을 통해 중앙 컴퓨터와 통신하면서 미국 캘리포니아주 멘로 파크Menlo Park에 있는 스탠퍼드 연구소의 실험실들을 돌아다녔다. 1966년에는 요제프 바이첸바움Joseph Weizenbaum이 인간의 언어를 처리할 수 있는 최초의 챗봇 시제품인 엘리자ELIZA를 소개했다. 바이첸바움은 베를린에서 태어났으나 유대인 부모와 함께 나치로부터 도망쳐 미국으로 갔다. 개발 초기부터 엘리자는 가끔씩 인간처럼 짧은 문자 대화를 나눌 수 있었다. 엘리자는 심리상담 의사처럼 가장하고 역할을 수행해 유명해졌다. 바이첸바움은 그의 비서를 비롯해 많은 사람들이 비교적 단순한 이 프로그램에 마음속 비밀을 털어놓는 데 놀랐다. 4년 후에는 전문가 시스템 마이신MYCIN이 의사들이 특정 혈액질환을 진단하도록 돕고 처방을 추천했다. 1971년에는 테리 위노그라드Terry Winograd가 그의 박사논문에서 컴퓨터가 어린이 책 수준의 영어 문장들로부터 문맥을 추론할 수 있음을 보여주었고, 최초의 자율주행차가 스탠퍼드에서 개발되었다. 그러나 이런 성공은 그 발표와 기대에 미치지는 못했다.

다트머스 회의 이후 인공지능 연구자들은 너무나 자주 그리고 너무 요란하게 호언장담을 했다. 그들은 번역과 고객 상담, 다양한 행정 업무를 담당할 컴퓨터를 약속했다. 컴퓨터가 운전하는 자동차와, 그 차를 만드는 스마트 로봇이 만들어질 것 같았다. 그들은 사람들이 어떤 질문을 하든 컴퓨터가 공상과학영화에서처럼 아주 빠르게 믿을 만한 답을 줄 것이라고 이야기했다. 1970년대 초반에 인공지능은 잔뜩 부풀려진 기대의 정점에 이르렀고, 연구자들은 약속한 것을 내놓을 수 없었다. 이론적 개념을 구현하기에는 컴퓨터 계산 능력이나 메모리 용량이 턱없이 부족했다. 연구자들은 자신들의 이론이 실제 응용에 적합한지를 확인할 방법이 없었다.

인공지능 연구자들이 '생각'과 '언어'의 복잡성을 과소평가했음이 점점 더 분명해졌다. 스마트 컴퓨터가 정보를 처리하는 데 필요한 모든 종류의 디지털 데이터가 부족했다. 당시에는 백과사전조차도 디지털 데이터로 만들어져 있지 않았다. 그리고 로봇은 좀 더 영리해지는 것을 신경 쓰기 전에 훨씬 더 정교하고 능숙한 손놀림 솜씨가 필요했다. 그렇게 '인공지능의 겨울'이 찾아왔다.

## 인공지능의 겨울

정부가 주도하는 인공지능 연구 프로그램은 급격히 축소되었다. 컴퓨터 기업들은 실용적인 하드웨어와 소프트웨어 개발에 투자하는 것을 선호했다.

인공지능 연구자들은 연구비뿐만 아니라 정보기술 발전의 영웅으로서 대접받던 후광을 잃어버렸다. 그중 많은 연구자들이 더 작은 연구목표에 우선 도달하는 데 초점을 맞췄다. 용어 자체도 좀 더 소박하게 바뀌었는데, '법칙 기반 전문가 시스템'이나 '기계학습'은 '인공지능'만큼 영광스럽게 들리지는 않았다. 그런데 이렇게 목표와 관점을 좁히고 나자 상황이 갑자기 좋아지기 시작했다. 컴퓨터가 하룻밤 사이에 초지능을 갖춘 대화 상대가 되지는 않았지만, 전문적인 업무를 위해 반쯤은 믿을 수 있는 조력자가 되었다.

전문가 시스템은 사례 기반 데이터 같은 정보로부터 갈수록 더 합리적인 결론을 유도해냈다. 이를 위해 시스템은 데이터로부터 '~이면 ~이다'와 같은 상관관계들을 찾아내고 프로그래밍된 조건 법칙들을 만들었는데, 이는 '콧물을 흘리고, 목이 아프며, 열이 나면 독감이다'와 같은 인간의 경험 법칙과 유사했다.

마이신MYCIN에 대한 경험을 바탕으로, 의사를 위한 폐 검사나 내과 진단 및 처방, 화학자를 위한 분자 구조 분석, 지질학자를 위한 암반 성상 분석 등을 돕기 위해 전문가 시스템은 점점 더 복잡한 법칙 설계구조를 가지고 시장에 진출했다. 전문가 시스템은 곧 콜센터에서 컴퓨터 체계를 구축하고 직원들을 지원하기 위한 업무를 시작했다.

1982년에 최초의 상용 음성 인식 시스템 코복스Covox가 출시되었다. 코복스는 말의 내용은 하나도 이해하지 못했지만, 음성언어를 문자로 비교적 잘 받아 적을 수 있었다. 뮌헨의 독일군사대학에서는 로봇공학자 에른스트 디터 디크만스Ernst Dieter Dickmanns가 메르세데스 밴에 지능형 카메라를 장착해 테스트 트랙에서 시속 100킬로미터로 완전 독립주행하는 데 성공했다.

이렇게 기술 발전의 작은 성공 사례들이 이어졌지만, 1970년대 초에 시작된 '인공지능의 겨울'은 연구자들의 예상보다 훨씬 더 오래 지속되었다. 로봇과 사랑에 빠진 일본에서조차 지능 기계에 대한 자금 지원이 1980년대에 거의 중단되었다. 미국에서는 정부와 민간이 지원 중이던 연구과제들을 점검했지만 결과는 기대했던 목표에 비해 실망스러웠다. 인공지능 분야를 둘러싼 환경과 여건은 세계가 디지털 통신망으로 연결되기 시작하면서부터 좋아지기 시작했다.

1994년 최초의 인터넷 검색기인 넷스케이프Netscape가 등장하던 무렵에는 인터넷이 모든 사람을 연결할 수 있었고, 컴퓨터가 활용할 수 있는 디지털 데이터를 엄청난 분량으로 모을 공간을 만들어냈다. 컴퓨터 칩의 계산 속도가 무어의 법칙에 따라 1~2년마다 두 배로 계속 증가하고 하드디스크나 메모리 같은 저장장치 가격이 저렴해진 덕분에 컴퓨터는 새로 생겨난 풍부한 데이터를 어려움 없이 처리할 수 있게 되었다. 또한 케이블로 시작하여 무선으로 발전한 데이터 통신의 지속적인 속도 향상으로 점점 더 많은 데이터 교환이 가능해졌다.

마침내 클라우드 컴퓨팅이, 전기 소켓을 통해 전기를 끌어 쓰듯이, 전 세계 어디에서든 데이터 컴퓨팅 및 저장 자원을 사용할 수 있게 만들었다. 통신망으로 연결된 서버의 데이터 처리 능력을 통해 태블릿이나 스마트폰과 같은 소형 개인 기기에서도 복잡한 인공지능 응용 프로그램을 실행할 수 있게 되었다. 이러한 기술 발전은 인공지능의 주변 환경을 완전히 뒤바꾸는 게임 체인저game changer였다.


## 컴퓨터의 연산능력

1990년대 초, 로봇 폴리Polly가 매사추세츠 공과대학의 컴퓨터과학 및 인공지능 연구실에서 방문자 안내를 맡아 사랑을 듬뿍 받았다. 폴리는 방문자들과 유머러스하게 교감하며 마치 실제 느끼는 듯 감정을 표현해 앞으로 다가올 일들을 예고했다. 드디어 1997년에 IBM 컴퓨터인 딥블루Deep Blue가 당시 체스 세계 챔피언이었던 가리 카스파로프Garry Kasparov를 이김으로써 인공지능은 전 세계가 지켜보는 가운데 무대를 장악했다. 그러나 엄밀한 의미에서 딥블루는 실수로부터 스스로 학습하는 인공지능 시스템이 아니라, 초당 2억 개의 체스 위치를 평가할 수 있는 매우 빠른 컴퓨터일 뿐이었다. 딥블루는 이른바 무차별적 연산능력에 기초한 알고리즘을 사용했고 그리 지능적이지는 않았지만, 지능적으로 보이는 결과를 가져왔다. 컴퓨터가 인간 챔피언을 뛰어넘는 장면이 텔레비전을 통해 인공지능 연구자와 제작자 그리고 사용자들의 상상력을 사로잡았다. 앨런 튜링을 비롯한 제2차

세계대전 직후의 인공지능 개척자들이 꿈꾸던 일이 이제는 기술적으로 가능해졌다. 인공지능은 그림과 사람을 인식하고, 복잡한 질문에 대답하고, 문장을 다른 언어로 번역하거나 심지어 독창적인 문장까지 쓰고, 땅과 바다·하늘에서 승객을 태우고 조종하며, 주가를 예측하고, 진찰에 대한 정확한 진단을 내린다.


## 제퍼디, 바둑, 그리고 텍사스 홀덤

지난 10년간 인공지능 발전의 핵심은 게임 분야에서 벌어진 사람과 기계의 경쟁에서 드러난다. 체스에서 인간이 패배한 후, 2011년 텔레비전 퀴즈 쇼 〈제퍼디Jeopardy〉에서 IBM의 왓슨 시스템이 역대 챔피언들을 상대로 승리를 거뒀다. 딥블루와 달리 왓슨은 데이터로부터 학습했는데, 이는 백과사전이나 신문 기사에서 전광석화처럼 빨리 사실적 지식을 찾아내는 일, 즉 컴퓨터가 오랫동안 잘해왔던 것과는 본질적으로 다른 일이었다. 〈제퍼디〉는 풍자로 구성된 기발한 퀴즈를 내서 참가자들이 고정관념을 벗어나 머리를 쥐어짜게 한다. 그래서 왓슨의 〈제퍼디〉 우승은 인공지능 연구자들에게 특별한 성공을 의미했다. 의미론적인 분석을 하거나 인간의 언어를 이해하고 적절한 맥락에서 단어와 문장의 의미를 분류하는 일이 컴퓨터에게는 극단적으로 어려운 문제였기 때문이다.

2016년에는 구글의 데이터 과학자들이 세계 최고의 바둑 기사 이세돌 9단을 꺾은 적응 시스템을 개발했다. 바둑의 '수'는 관측 가능한 우주의 원자 수에 비견될 정도로 많다. 인간은 물론 가장 빠른 슈퍼컴퓨터조차도 실시간으로 계산할 수 없다. 따라서 바둑에는 논리와 직관의 조합이 필요하다. 재능 있고 경험이 풍부한 바둑 기사는 종종 이전 대국에서 본 패턴을 무의식적으로 인식하여 특정 상황에서 두어야 할 올바른 다음 수를 직관적으로 알아낸다. 직관은 경험적 지식으로 손쉽게 다가가는

지름길이며, 이는 암시적으로 뇌의 신경세포 간 시냅스에 저장된다. 바둑 기사는 그가 두려는 수가 왜 좋은 수인지 이유를 설명할 수 없는 경우가 많으며, 그저 직감에 따라 결정을 내린다.

컴퓨터는 느낌대로 하는 것은 못 하겠지만, 새뮤얼의 체커 프로그램처럼 혼자 자신을 상대로 수백만 번 이상 초스피드로 대국을 둘 수는 있다. 구글의 알파고 컴퓨터 프로그램은 이런 방식으로 체험적 지식을 구축했으며 거기서 패턴을 인식하고 그에 맞는 전략을 알아냈다. 당시 바둑 전문가들이 보기에 알파고는 가끔씩 매우 창의적으로 수를 두었는데, 패턴 인식, 통계 및 난수 생성의 정교한 융합을 통해 통찰력이 강화되었기 때문이다. 알파고의 승리 이후 직감과 창의성은 (정의에 따라 달라질 수 있지만) 이제 인간 고유의 영역이 아님이 명백해졌다.

2017년 1월, 컴퓨터는 세계 최고의 포커 플레이어보다 블러핑을 더 잘할 수 있다는 것을 증명했다. 두 과학자가 학습시킨 카네기멜론 대학교의 슈퍼컴퓨터 리브라투스Libratus가 카드 게임의 왕이라 불리는 텍사스 홀덤 포커Texas Hold'em Poker에서 세계 최고의 포커 플레이어들을 물리쳤다. 이 일은 언론에는 거의 보도되지 않았는데, 그 중요성에 비춰보면 부당한 일이었다. 사실 포커는 전략적 사고, 다른 사람들의 상황과 행동을 평가하는 능력, 적시에 위험을 감수하는 판단력 등 지능적인 사업가의 자질이 모두 필요한 게임이다. 기계가 포커에서 사람을 이길 수 있다면, 일상적인 비즈니스 협상에서도 사람을 이길 수 있다.

튜링 테스트의 세계 대회라고 볼 수 있는 뢰브너 상Loebner Prize이 벌써 20년 넘게 운영되고 있다. 배심원들과 25분 동안 문자로 대화를 나눈 인공지능 시스템이 절반 이상의 배심원들을 '인간과 대화를 나누고 있다'고 믿게 만든다면 상금 2만 5천 달러와 은메달을 받게 된다. 아직까지 수상자는 나오지 않았다. 금메달과 함께 상금 10만 달러가 걸린 대상을 받으려면, 인공지능 시스템은 문자뿐만 아니라 음성과 영상을 통해서도 능숙하게 대화해야 한다. 아마도 "기계는 생각할 수 있는가?"라는 앨런 튜링의 질문은 철학자들이 앞으로도 수십 년 동안 논쟁해야 할 문제로 남을 것이다. 그러나 튜링 테스트를 통과하는 지능기계는 불과 몇 년 안에 나타날 수도 있다.

# 인공지능의 두 가지 계보

'인공지능'이라는 용어는 1956년 다트머스 회의에서 존 매카시가 제안했지만, '인공으로 만든 지능' 연구는 비슷한 시기에 다른 형태로 태동되었다. 이후 50여 년간, 두 가지 견해가 공존하며 주류의 자리를 다투어 왔다. 인공지능 역사의 '백설 공주 이야기'는 이렇게 시작된다.

"옛날 옛적에 새로운 학문인 인지과학에게 두 명의 딸이 태어났다. 딸 하나는 인간 두뇌의 연구에서 얻은 특징을 가진 자연스러운 '자연'이고, 다른 딸은 처음부터 컴퓨터의 사용과 관련된 '인공'이었다. 두 자매는 인지의 모델을 구성하려고 노력했으나, 각기 사용한 재료는 아주 달랐다. '자연'은 신경세포로부터 수학적으로 정리된 (신경망으로 불리는) 모델을 구성한 반면, '인공'은 컴퓨터 프로그램으로 자신의 모델을 구성했다.

유년기에 두 자매는 모두 성공적이었고, 다른 지식 분야로부터 구혼자들이 몰려들어 따라다녔다. 두 자매는 사이가 좋았다. 그러나 1960년대 초반 과학왕국에 어마어마한 보화를 가진 미국 국방고등연구기획청이 군주로 등장하면서 두 자매의 사이는 틀어졌다. '인공'은 질투가 나서 연구비를 독차지하려고 굳게 결심했다. 그러기 위해 '자연'은 죽어야 했다.

'인공'의 충실한 추종자 마빈 민스키와 시모어 페퍼트 Seymour Papert 는 백설 공주를 살해하고 그 증거로 그녀의 심장을 가져오는 역할을 맡아 피비린내 나는 일을 시도했다. 그들의 무기는 단검보다 막강한 펜이었다. 그들이 쓴《인식자*Perceptrons*》라는 책은, '자연'의 신경망은 지성을 모델화할 수 없고, 컴퓨터 프로그램만이 이를 달성할 수 있음을 증명하고자 했다. 이후 10년간 왕국의 모든 포상은 '인공'의 자손에게 돌아갔는데, 그중에서도 '법칙 기반 전문가 시스템' 가문의 명성이 제일 높았다.

그러나 백설 공주는 죽지 않았다. 민스키와 페퍼트가 세상에 증거로 제시한 것은 돼지의 심장이었다. 자세히 들여다보니 그 책은 '단층 구조 인식자one-layer perceptron'라고 불리는 매우 단순한 한 종류의 신경망이 가진 심각한 한계를 지적했지만, 이 종류의 신경망이 '자연'이 시도한 '연결주의Connectionism'의 핵심인 양 오도되었다."

이 글은 시모어 페퍼트가 1988년 학술지《다이달로스*Daedalus*》에 발표한 〈하나의 인공지능 혹은 여럿?One AI or Many?〉의 일부이다. 이 글에서 '인공'은 법칙에 기반을 둔 인공지능 그룹을, '자연'은 우리 두뇌에서처럼 학습에 기반을 둔 인공지능 그룹을 의미한다.

다트머스 회의 2년 후인 1958년, 프랭크 로젠블랫Frank Rosenblatt이 두뇌의 정보를 기억하는 방식에서 아이디어를 얻어 〈인식자: 뇌정보 저장 및 구성의 확률 모델The Perceptron〉[1]이라는 논문을 발표했다. 이로써 '학습 기반 인공지능'이 시작되었다. 학습 기반 인공지능은 신경세포와 유사한, 단순 계산 기능요소로 구성된 입력층과 출력층을 갖는 신경망 모델을 제시했

---

[1] 정확한 논문명은 〈The perceptron: a probabilistic model for information storage and organization in the brain〉.

다. 그리고 입력과 출력 사이의 연결고리(시냅스)를 통해, 출력층의 오차를 줄여 학습시킬 수 있었다. 1960년 전기공학자 버나드 위드로Bernard Widrow와 마르시안 호프Marcian Hoff도 유사한 모델을 제안했다. 이들은 패턴의 특징을 추출하여 프로그램화하지 않고도 입력과 출력의 예를 보여줌으로써 비교적 단순한 입력 패턴들을 분류하여 매우 큰 반향을 일으켰다. 이후 약 10년간 연결주의 신경망, 즉 '학습 기반 인공지능' 연구가 활발히 진행되었다. 동시에 전문가가 패턴의 특징을 추출하고 이를 컴퓨터에 프로그램화하는 '법칙 기반 인공지능'의 연구도 활발했다.

그러나 '자연학파'인 신경망 연구는 꽃을 활짝 피우기도 전에 된서리를 맞는다. 1969년 민스키와 페퍼트가 《인식자》에서 '단층 구조 인식자'가 풀지 못하는 문제가 많음을 증명한 후, 신경망 연구는 급속히 냉각되었다. 당시에도 여러 층으로 된 신경망은 대부분의 인식 문제를 풀 수 있을 것으로 생각되었지만, 컴퓨터 성능과 학습 데이터 부족으로 이를 증명하지 못했다. 이에 따라 인공지능 연구가 대부분 민스키가 주도한 '법칙 기반'으로 흐르게 되었다. 그 와중에 '자연학파'를 이끌었던 로젠블랫이 어느 날 바다에서 의문의 죽음을 맞았고, '학습 기반 인공지능' 연구에 암흑기가 찾아왔다. 그러나 실제 세계의 모든 경우를 법칙으로 만드는 것은 불가능했기에, '법칙 기반' 연구 역시 1970년대 초부터 '인공지능의 겨울'을 맞았다. 두 인공지능 계보 간 치열한 경쟁의 주인공 로젠블랫과 민스키는 사실 친구로 당시 명문교인 뉴욕 브롱크스Bronx 과학고등학교의 동창이었다.

1982년 캘리포니아 공대의 존 홉필드John Hopfield가 신경망 연구의 부활에 불을 지폈다. 그의 논문은 새로운 인공지능의 시대를 열었고, 뜻있는 연구자들이 대거 참여하면서 1980년대에 '학습 기반 인공지능' 연구가 부활했다. 또한 '법칙 기반 인공지능'도 다시 활기를 띠어 1997년 세계 체스 챔피언을 이기는 성과를 거두었다. 컴퓨터 연산 속도가 빨라지고 저장 능력이 커지면서 인공지능 연구도 발전을 이루었지만, 곧 실세계 응용에서 한계를 드러냈다.

그 후 소수의 연구자들이 인공지능의 명맥을 이어갔다. 2000년대 후반에 '다층구조 인식자 모델'인 '딥러닝 신경망'이 영상·음성 인식에서 획기적인 성공을 거두며 부활했다. 2011년에는 퀴즈쇼 〈제퍼디〉에서도 우승했다.

인공지능의 획기적 발전에는 세 가지 이유가 있다. 첫째, 인터넷과 모바일 통신에 의한 방대한 학습 데이터의 축적이다. 특히 스마트폰의 대중화에 따른 영상과 음성 데이터의 1초당 생성량이 한 사람이 일생 동안 경험할 수 있는 양을 뛰어넘었다. 둘째, 반도체 기술 발전에 따른 컴퓨터의 계산 및 저장 능력의 획기적 성장이다. 컴퓨터 게임을 위해 개발된 그래픽 프로세서GPU와 이를 쉽게 신경망 학습에 사용할 수 있게 한 소프트웨어 플랫폼이 대중화를 이끌었다. 셋째, 인간의 두뇌 정보처리에 대한 신경망 구조와 학습법칙의 기본 모델이 1980년대에 이미 제시되었다는 점이다.

2017년 딥마인드DeepMind의 '알파고'가 바둑 대국에서 한국의 이세돌 9단을 이긴 후, 거의 모든 산업에서 인공지능은 '새로운 가치를 창출하는 자enabler'로 인정받게 되었고 정부도 적극적인 지원을 하고 있다. 최근의 '학습 기반 인공지능'의 성장은 알파고에 힘입은 바 크다.

그러나 사실 알파고와 이세돌 9단의 시합은 불공정했다. 바둑은 충분한 기억 용량과 계산 속도만 있으면 이길 수 있는 게임이다. 바둑의 게임 법칙은 아주 단순하다. 두 사람이 번갈아 바둑돌을 놓는 모든 경우를 승패가 날 때까지 예측해보고, 그중 자신이 승리할 확률이 높은 위치에 바둑돌을 놓으면 된다. 문제는, 상대적으로 쉬운 게임이지만 모든 경우의 수를 계산해 결과를 저장하기에는 아무리 거대한 컴퓨터라도 용량이 부족하다는 점이다.[2] 따라서 알파고도 어느 정도까지만 가상으로 두고, 그 후는 과거의 경험에서 배운 패턴 인식 또는 직관에 의해 승패 확률을 유추한다. 여기서 '학습 기반 인공지능'이 빛을 발한다. 물론, 알파고의 가상 대국은 천재 기사 이세돌보다도 많을 것이다. 알파고는 고속계산과 방대한 기억용량을 갖추고, 여기에 인간의 장기인 패턴 인식을 더해 인간 기사를 이긴 것이다. 즉, 알파고의 승리가 순전히 인공지능의 승리인 것만은 아니다. 알파고는 각각 1,000대가 넘는 컴퓨터와 그래픽 프로세서를 사용했다. 약 20와트의 전력을 사용하는 이세돌 9단의 두뇌에 비해 수만 배의 에너지를 소모했다. 만약 같은 양의 에너지 사용이라는 제한을 두었다면, 분명 이세돌 9단이 승리했을 것이다.

2020년 초에 '학습 기반 인공지능'은 영상 인식과 패턴 인식 등 많은 분야에서 인간의 평균 능력을 뛰어넘고 있다. 인공지능의 의료영상 판독 능력은 평범한 의사보다 정확하다. 인공지능 자율주행차는 일반 운전자보다 사고율이 낮다. 언어의 이해와 동시통역에서도 인간의 수준에 접근하고 있다. 그러나 이는 방대한 학습 데이터가 있는 분야에 제한된다. 사람의 감정과 의도를 파악하는 등 학습 데이터가 적은 분야에서는 아직도 인공지능이 인간의 능력에 훨씬 못 미치고 있다. 이에 따라 '학습 기반'과 '법칙 기반' 인공지능의 융합이 적극적으로 시도되고 있다. 어린이가 언어를 배울 때, 문법을 몰라도 많이 듣고 말하면서 배울 수 있지만, 문법을 알면 훨씬 적은 데이터로 훨씬 빨리 배울 수 있게 되는 이치와 같다.

---

2) 제일 간단한 경우, 처음 바둑돌을 놓을 위치는 19x19=361 중의 하나이고, 다음은 360, 그다음은 359 등의 순으로 하나씩 줄어든다. 즉, 패가 없는 경우, 총 경우의 수는 361!(361 계승)인데, 대부분의 컴퓨터가 이 계승 값 자체를 계산할 수 없을 정도로 큰 수이다.

# 3장

___

# 기계는 어떻게 배우는가?
## : 인공신경망, 딥러닝, 그리고 피드백 효과

"컴퓨터는 동화 속 마법사 같다.
당신이 원하는 것을 줄 뿐, 무엇을
원해야 하는지는 말해주지 않는다."

- 사이버네틱스를 창시한 미국의 수학자
노버트 위너Norbert Wiener

## 인공두뇌?

1986년에 미국의 심리학자 데이비드 루멜하트David Rumelhart와 제임스 매클레랜드James McClelland는 어린아이가 언어를 배우는 과정과 유사한 방식의 언어 학습 모델을 제안했다. 그들은 이 모델을 시험해보려고 컴퓨터에게 영어 동사의 과거형을 가르쳤다. 먼저 가장 많이 사용되는 동사 열 개를 골라 현재시제와 과거시제의 관계를 가르쳤는데, 그중 오직 두 개의 동사만이 'ed'를 붙여 과거형을 만드는 규칙동사였고 나머지 여덟 개는 come-came, give-gave와 같은 불규칙 동사였다. 다음 단계로 규칙동사가 많이 포함된 410개의 동사를 컴퓨터에게 추가로 학습시켰다.[1] 그들은 시스템에게 어떤 규칙도 미리 가르치지 않았고, 현재형 동사를 과거형으로 변경하는 패턴을 컴퓨터가 스스로 발견하도록

---

1) 정확하게 말하면, 1단계에서는 come, give, go 등 불규칙하게 과거시제가 형성되는 여덟개의 동사를 포함하여 많이 사용되는 열 개의 동사로 현재시제와 과거시제의 관계를 학습시켰다. 그리고 2단계에서 불규칙 동사 76개를 포함하는 410개 동사를 추가로 학습시킨 후, 마지막으로 3단계에서는 많이 사용되지 않는 72개 동사(불규칙 동사 열네 개 포함)의 현재시제를 입력값으로 주어 과거시제를 생성하게 하여 성능을 평가했다. 이는 어린아이가 말을 배우는 과정과 유사하다.

했다. 학습 과정에서 컴퓨터는 다양한 시도를 거듭했고, 생성한 답이 틀렸는지 맞았는지에 대한 솔직한 피드백은 받았지만, 정답이 무엇인지에 대한 정보는 받지 못했다.

이 시스템은 곧 많은 동사의 과거형이 'started'나 'walked' 와 같이 원형에 'ed'를 추가하여 형성됨을 발견했다. 그러고는 말을 배우는 어린아이처럼, 한동안은 불규칙 동사에도 이 규칙을 과도하게 적용하여 'goed', 'buyed', 'readed'와 같은 답을 제시하기도 했다. 그러다가 점차 불규칙 동사의 경우 다르게 생각하여 'went', 'bought', 'read' 등의 활용 변화를 습득하기 시작했다. 프로그램이 이러한 예외를 알게 됨에 따라, 이 초보적 언어 기능을 가진 인공두뇌는 다른 동사에 대해서도 정확한 답을 더 빨리 제시할 수 있었다. 200번의 학습 후에 컴퓨터는 루멜하트와 매클레랜드가 가르친 420개의 동사 변화를 모두 배웠다. 컴퓨터가 스스로 작업을 수행하는 데 필요한 규칙과 패턴을 파악했는데, 이것이 바로 이 테스트의 핵심이었다. 만약 420개의 영어 동사 변화에 대한 답을 알려주는 것이 프로그램의 목적이었다면 해답을 표로 만들어 직접 프로그래밍을 하는 방법이 가장 손쉬웠을 것이다. 그러나 컴퓨터는 비교와 피드백을 통해 어떻게 학습하는지를 배워야 했다. 이것이 바로 기계학습의 목표이다.

인간은 배움으로써 지능이 높아진다. 그러므로 만약 기계가 실제 인간과 같은 방식으로 학습할 수 있다면 기계도 지능화될 수 있을 것이다. 1960년대 인공지능이 처음 주목받던 시기에도 연구자들은 이미 그와 같이 생각했지만, 곧 실망할 수밖에 없었다. 뇌 과학자들이 인간의 뇌가 어떻게 작동하는지에 대해 더 많이 알아갈수록, 컴퓨터 과학자들에게는 인간의 머릿속에서 일어나는 학습 과정을 어떻게 인공두뇌에 구현할 수 있을지 상상하기조차 어렵다는 것이 점점 더 분명해져갔다.

인간의 두뇌는 진화가 만들어낸 가장 복잡한 결과물이다. 뉴런이라고 부르는 약 860억 개의 신경세포로 구성되어 있으며, 뉴런 한 개가 평균적으로 천 개 이상의 다른 뉴런과 시냅스를 통해 연결된다. 뉴런과 시냅스는 상상할 수 없을 정도로 복잡한 신경망을 형성하고, 전기 펄스와 생화학적 신경전달물질을 사용하여 정보를 저장하고 읽을 수 있게 한다. 다른 뉴런들이 '말을 걸어오는' 동안 뉴런은 세포 내 전압이 어느 임계치에 도달한 경우에만 정보(정확하게는 전기 펄스)를 이웃 뉴런에 전달한다. 그러지 않으면 뉴런 간의 연결이 끊어진다. 이는 0과 1의 이진법을 사용하는 컴퓨터의 디지털 정보처리 방식과 매우 닮았다.

간단하게 예를 들어보면, 생물학적 신경망의 정보처리는 다음과 같이 작동한다. 어린아이가 말을 쳐다보고 있을 때, 어머니가 '말'이라는 단어를 말한다. 그러면 뇌의 신경망에서 시각 영역과 음성 영역 사이에 연결이 형성된다. 아이가 말의 이미지와 '말'이라는 단어를 자주 연관시키다 보면 이 연결은 뇌에 고정되어 유지되고, 누군가가 '말'이라고 말하거나 어디선가 말이 지나가는 모습을 볼 때마다 활성화된다. 나중에 글자 쓰는 법을 깨치고 나면 아이는 말이 'ㅁ+ㅏ+ㄹ'로 쓰인다는 사실을 저장하기 위한 새로운 연결을 만들 것이다. 새로운 언어를 더 배우게 되면 뉴런과 시냅스로 이루어진 신경망은 말의 이미지와 단어 '말'을 영어의 'horse'나 독일어 'Pferd' 또는 스페인어 'caballo'와 연결할 수 있다. 인간의 두뇌는 문자의 의미를 연관 짓기와 연결을 통해 배운다. 연결이 자주 활성화될수록 학습한 지식이 더욱 견고해지고, 입력된 정보가 두뇌에 잘못 연결되었다고 생각되면 이를 수정한다. 무수히 많은 시냅스를 연결함으로써 점점 더 추상적인 개념을 배울 수 있다. 어린아이들은 만화책 속의 쥐가 챙이 넓은 멕시코 모자를 쓰고 벨트에 권총을 차고 있더라도 그 동물이 쥐임을 스스로 인식할 수 있다.

성장 과정에서 성인의 두뇌는 평균 1.5리터 미만의 공간에 모든 신경망 연결을 구축하는데, 그 길이를 다 더하면 수만 킬로미터에 이른다. 오늘날에도 우리는 인간의 두뇌에 가깝도록 다재다능하면서도 에너지를 적게 쓰는 인공두뇌를 만들어낼 방법은 찾지 못했다. 지금까지 그런 시도는 모두 비참하게 실패했다.

그러나 오늘날 기계는 수학과 통계를 사용하여 인간 두뇌의 연관 학습 과정을 잘 모방해내고 있으며, 음성 언어, 이미지, 문자와 다른 추가 정보들을 연결할 수 있다.

## 그래픽 카드의 힘

기계를 가르치려는 인간 교사에게 현재 가장 중요한 도우미는 이른바 인공신경망ANN, Artificial Neural Networks이다. 루멜하트와 매클레랜드는 동사 시제 변환 프로그램에 인공신경망을 사용했다. 이런 방식의 연구는 이후 여러 가지 이유로 오랫동안 정체되어 있었다. 많은 계산 소자를 이용해 방대한 계산을 고속으로 수행할 수 있는 컴퓨터가 부족했던 것이 중요한 이유 중 하나였다. 이 연구는 최근에야 다시 빠르게 발전하고 있는데, 3차원 컴퓨터 게임용 그래픽 카드를 위해 개발되었으나 이후 기계학습에 활발하게 도입되고 있는 그래픽처리장치 기반 병렬처리 소자의 등장이 크게 도움이 되고 있다. 실리콘 밸리를 비롯한 데이터 기반 학습 연구 분야에서 자주 언급되는 화두는 '딥러닝Deep Learning'이다. 딥러닝은 현재 인공지능으로 분류된 새로운 응용 프로그램 대부분의 기술 기반이 되고 있다.

오해하는 사람들이 더러 있는데, 인공신경망과 딥러닝이 인간 두뇌의 신경 경로와 전자 전달 과정을 그대로 복제하는 것은 아니다. 인공신경망은 뉴런을 단순화하여 모방하는 계산요소인 노드node를 여러 층으로 배열하고 학습시키는 확률 기반 계산 모델이다. 일반적으로 노드는 하위층 노드 중 일부에 연결되고, 다층 구조를 가짐으로써 '심층' 신경망을 만든다.[2] 노드가 충분히 활성화되면 연결된 다른 노드에 신호를 보낸다. 그러나 뇌의 신경세포와 마찬가지로, 특정 시간 동안 수신되는 신호의 합이 임계치에 미치지 못하면 더는 신호를 전달하지 않는다. 즉, 많은 신호를 받으면 다음 층으로 신호를 전달하지만, 도달하는 신호가 적으면 신호를 재생성하지 못한다. 이 점에서 인공신경망은 뇌의 생물학적 신경망과 기본 원리가 같다. 또한 인공신경망은 인간처럼 피드백을 통해 배운다.

매우 단순화된 형태지만 학습의 과정은 다음과 같이 진행된다. 컴퓨터가 사진 속에서 말을 인식하는 경우를 생각해보자. 이를 위해 먼저 '말'이라는 라벨이 붙은 많은 사진이 학습 데이

---

2) 하위층 노드로부터만 입력을 받는 신경망을 '순방향 신경망(Feedforward Neural Networks)'이라고 하며, 영상 인식 등 현재 인공지능 응용의 대부분이 이를 기반으로 구성한다. 상위층 노드로부터도 입력을 받는 신경망을 '궤환 신경망(Recurrent Neural Networks)'이라 하며, 주가 예측, 자연어 처리 등 순차적 데이터의 처리에 활용된다.

터로 제공된다.[3] 신경망은 데이터에서 몸체의 모양, 귀와 눈의 위치, 네 개의 다리에 발굽, 짧은 털, 긴 꼬리 등 말의 여러 특징을 추출한다. 이 과정은 단계적으로 진행되는데, 첫 번째 층에서는 각 화소의 밝기만 확인하고, 두 번째 층에서는 가로선과 세로선을, 세 번째 층에서는 원을, 네 번째 층에서는 눈을 찾는 식이다. 최종 층에서는 이들을 하나의 완전한 이미지로 재구성한다. 이런 과정을 거쳐 컴퓨터는 '말'이라는 물체가 어떻게 보이는지에 대한 예측 모델을 생성한다.

어린아이가 처음 배울 때와 같이, 컴퓨터는 먼저 이 특징들을 제대로 학습했는지 확인해야 한다. 이전에 본 적이 없는 말의 사진을 맞게 인식하면 긍정적인 응답을 받고 노드를 수정하지 않지만, 인식하지 못하거나 개를 말이라고 잘못 인식하면 미세한 수학적 조정이 가해진다. 이런 반복적 과정을 통해 인공신경망은 많은 데이터로부터 패턴을 인식하는 기능을 연마한다. 이것이 '기계학습'의 가장 중요한 목표이다. 신경망은 예제로부터 배우고, 학습 단계가 높아질수록 일반화할 수 있는 통찰력을 갖게 된다. 주어진 문제에 대해 알고리즘이 해답을 더 자주 찾게 될수록, 다음 시도에서는 더욱 확률 높은 수행을 할 수 있다.

---

3) 이렇게 데이터마다 라벨이 제공되는 학습 데이터를 사용하는 학습 방법을 '지도학습 (Supervised Learning)'이라고 한다.

## 지도학습과 자율학습

이러한 영상 인식은 기계학습의 여러 응용 분야 중 하나일 뿐이다. 인공신경망은 로보 어드바이저Robo-Advisor의 자산관리와 스포티파이Spotify의 음악 추천에서도 중요한 역할을 하고 있다. 신용 카드 사기를 밝혀내고, 원치 않는 광고를 스팸 필터로 걸러낸다. 그러나 이 신경망의 학습 단계에서는 인간이 여전히 중요한 역할을 해야만 한다. 더 정확한 결과를 얻으려면 사람이 여러 방면에서 힌트를 주어야 한다.

지도학습Supervised Learning 알고리즘은 (그림 속 동물이 말인지 아닌지) 라벨이 붙은 데이터를 활용하여 학습하지만, 점점 더 많은 지능시스템이 라벨이 없는 데이터로부터 학습하는 자율학습 Unsupervised Learning을 도입하고 있다. 자율학습 알고리즘은 사람이 알려주지 않아도 스스로 데이터에서 특징을 찾아내고 데이터 사이의 유사성을 파악하여 자동으로 분류할 수 있다. 자율학습은 사람이 자신이 찾는 것이 무엇인지 모르는 경우라면 특히 유용하다.[4]

---

4) 어린아이가 아빠와 엄마를 구분하려면 먼저 '아빠'와 '엄마'라는 음성의 차이와 '아빠 얼굴'과 '엄마 얼굴' 영상의 차이를 인지하고 구분해낼 수 있어야 하는데, 이것이 자율학습이다. 다음으로 '아빠' 음성과 '아빠 얼굴' 영상을 연결하고, '엄마' 음성과 '엄마 얼굴' 영상을 연결하는 지도학습을 수행하게 된다.

예를 들어 자율학습은 정보기술IT 보안 분야에서 해킹 공격을 방어하는 데 사용되는데, 목표는 회사 컴퓨터 네트워크 운영 중에 이상한 점을 발견하자마자 경보를 울리는 것이다. 그러나 지도학습과 비교하면 자율학습은 아직 초기 단계에 있다. 그 잠재력은 명확히 짐작하기 어렵지만 기대치는 매우 크다. 페이스북의 인공지능 연구 책임자인 얀 르쿤Yann LeCun은 "인공지능이 케이크라면, 지도학습은 케이크 위의 크림 장식이지만 자율학습은 케이크 그 자체"라고 했다.

이상적인 경우라면 인공지능은 학습한 데이터로부터 스스로 새로운 데이터를 생성할 수 있어 '딥러닝'이 가능하다. 그 생생한 예가 바로 바둑 프로그램 알파고이다. 인간은 알파고에 바둑의 규칙을 명시적 지식으로 제공했고, 알파고는 과학자들이 기억시킨 기본적인 정석과 무수한 역사적 기본 데이터로부터 게임의 기술을 배웠다. 그러나 여기서 멈추었다면 알파고는 꽤 괜찮은 아마추어 기사 수준 정도에 머물렀을 것이다. 알파고는 자기 자신을 상대로 수백만 번 대국을 두어 데이터를 만들어냈고 마침내 세계 챔피언이 되었다. 스스로 만들어낸 모든 수와 그에 대한 맞수가 모두 인공신경망을 가르치는 데이터가 되었다.

## 피드백과 데이터 독점

컴퓨터가 학습하는 동안 인간의 의견은 정답으로 간주된다. 사람과 마찬가지로 컴퓨터 시스템도 자신의 시도가 성공했는지 여부를 알아야만 배울 수 있다. 따라서 맞았는지 또는 틀렸는지를 가르쳐주는 피드백 데이터는 인공지능이 학습하는 데 결정적인 역할을 한다. 학습 시스템이 올바른 전화번호를 찾았는지, 실제로 가장 좋은 운전 경로를 계산했는지, 또는 사진으로부터 피부 상태를 제대로 진단했는지에 대한 피드백을 더 많이, 더 정확히 받을수록 효과적이고 빠른 학습이 가능하다.

피드백은 기계를 자동으로 제어하는 기술의 핵심이다. 미국의 수학자 노버트 위너Norbert Wiener는 1940년대에 이에 대한 이론인 사이버네틱스cybernetics의 토대를 확립했다. "모든 기계는 피드백 데이터를 통해 목표를 향해 제어될 수 있다"는 것이다.

당시 미국 육군의 자동 로켓 방어 시스템은 이 기술이 적용된 초기 사이버네틱스 시스템 중 하나로 독일 V-1 순항 미사일로부터 영국 도시들을 방어하는 데 사용되었다. 레이더가 독일의 미사일을 탐지하면 대공포에 연속적인 피드백으로 폭탄의 위치를 알려주고 비행경로를 계산했다. 대공포는 지속적인 피드백 신호에 따라 목표를 조준하고 발사의 순간을 결정했다. 전쟁이 끝날 무렵까지, 미국과 영국은 공포의 무기였던 독일 미사일의 약 70퍼센트를 하늘에서 격추하고 있었다.

다행히도 피드백 기술은 군사 분야의 혁신을 뛰어넘어 그 이상의 것을 가능하게 했다. 피드백 없이는 아폴로 우주선이 달에 착륙하지 못했을 것이고, 제트 여객기도 안전하게 바다를 건널 수 없을 것이다. 엔진이 피스톤의 움직임에 맞춰 정확한 타이밍에 휘발유를 분사할 수 없을 것이며, 다리가 끼어도 엘리베이터 문이 다시 열리지 않을 것이다. 그러나 인공지능만큼 피드백이 중요한 분야는 없다. 피드백 데이터가 인공지능의 가장 중요한 원자재이다.

구글 창에 검색어를 입력하기 시작하면 피드백이 작동하며 우리가 원하는 검색어를 즉시 제안하는데, 실제로 구글의 제안이 더 좋은 검색어일 경우가 많다. 많은 구글 사용자가 같은 혹은 비슷한 검색어를 입력하기 시작할 때 제안받은 검색어를 클릭함으로써 시스템에 피드백을 제공했기 때문이다. 제안을 수락하면 피드백 데이터가 생성되고, 다른 검색어를 입력해도 그에 따른 피드백 데이터가 새로 추가된다. 아마존은 피드백 데이터를 사용하여 상품 추천 알고리즘을 최적화하고, 페이스북은 사용자의 타임라인에 올라오는 포스트를 취향에 맞춰 배열한다. 피드백 데이터는 페이팔PayPal이 비용 지불에 사기 행각이 없는지를 정확히 판단하는 데 도움이 된다.

인공지능 시대에 얼마나 많은 피드백 데이터를 가지고 있는가는, 산업화 시대에 '규모의 경제'가 가졌던 영향력이나 '네트워크 효과'가 지난 25년간 디지털 경제에 미쳤던 것 이상의 영향력을 가질 것이다. 규모의 경제는 포드의 모델 T와 소니의 진공관 텔레비전부터 화웨이의 스마트폰에 이르기까지, 과학적 경영의 창시자인 프레더릭 윈즐로 테일러Frederick Winslow Taylor가 상상했던 것 이상으로 제품의 단위 생산가를 낮추었다. 네트워크 효과는 스탠퍼드 경제학자 칼 샤피로Carl Shapiro와 핼 배리언Hal Varian이 깊이 연구했으며, 아마존, 이베이eBay, 알리바바Alibaba, 페이스북, 위챗WeChat, 우버Uber, 디디DiDi와 같은 디지털 플랫폼들이 이를 통해 독점적 위치를 차지할 수 있었다. 네트워크 효과란 어떤 플랫폼에 새로운 참가자가 생기면 그 플랫폼이 사용자들에게 더욱 매력적이 되는 현상을 말한다. 더 많은 사람이 왓츠앱WhatsApp을 사용할수록, 더 많은 지인과의 네트워킹을 원하는 신규 사용자가 더 많이 앱을 설치하게 된다. 스마트폰이 안드로이드 운영 체제를 더 많이 채택할수록 개발자에게는 안드로이드용 앱 개발이 더욱 매력적인 일이 되며, 이는 다시 이 운영 체제가 스마트폰에 채택될 수 있는 매력을 높인다.

인공지능은 많은 사람이 피드백 데이터를 제공할수록 피드

백 효과로 지능이 더 빨리 향상된다. 피드백 데이터는 인공지능 학습 과정의 중심에 있다. 앞으로 수년 안에 디지털 피드백은 자율주행차, 자동번역, 영상 인식 등이 상업적으로 실현되도록 이끌 것이다.

그런데 독점을 막는 새로운 법적 조치가 없다면 장기적인 피드백 데이터의 축적이 데이터 독점으로 이어질 수밖에 없다. 이 때문에 피드백 데이터는 관련 법령을 준비해야 할 국회의원들에게 큰 고민거리가 될 것이다. 가장 인기 있는 제품과 서비스가 피드백 데이터를 가장 많이 확보할 수 있어 더욱 빠르게 발전할 것이다. 기계학습이 내장된 제품과 서비스 분야에서는 신규 진출자가 아무리 혁신적인 기술을 가지고 있더라도, 아주 예외적인 경우를 제외하고는 인공지능 주도의 경제에서 선두 주자와 경쟁할 기회를 얻기 어렵다. 스스로 지능화하는 인공지능 기술이 새로운 경쟁을 차단하고 독점을 공고히 할 것이다. 인류는 이 기술적 문제에 대한 법적인 해답을 반드시 찾아내야 한다. 이 주제는 마지막 장에서 다시 살펴볼 것이다.

# 기계의 학습은 최적화 과정이다

　딥러닝으로 대표되는 현대의 학습 기반 인공지능 모델은 신경망의 구조와 학습법칙, 두 가지로 설명된다. 사람의 두뇌에는 약 860억 개의 뉴런이 있다. 뉴런은 다수의 다른 뉴런으로부터 신호를 받아 다시 다른 다수의 뉴런으로 전달하는데, 한 뉴런의 신호가 다른 뉴런으로 전달되는 연결고리 비례상수를 시냅스라 부른다. 시냅스 값이 크면 뉴런에서 다른 뉴런으로 신호가 잘 전달되고, 0이면 아예 신호가 전달되지 않는다. 즉, 연결이 없는 상태가 된다. 뉴런 하나하나의 기능은 매우 단순하여 복잡한 인지기능을 수행하지 못하지만, 여러 뉴런이 연결된 신경망 전체 또는 신경망 일부가 패턴 인식이나 제어 등 실질적 기능을 수행한다. 그리고 이 기능은 뉴런 간의 시냅스 값에 의해 결정된다. 즉, 컴퓨터는 하드디스크나 반도체 메모리의 특정한 위치에 정보를 저장하지만, 신경망은 하나의 정보가 신경망 전체의 시냅스에 분산 저장되는 근본적 차이가 있다. 살아가면서 우리의 뇌세포가 죽어가도 기억이 유지되고, 어떤 기억은 지우고 싶어도 잘 지워지지 않는 이유이다. 이 특정한 기억이나 기능을 수행하도록 시냅스 값을 찾아주는 것을 '학습'이라고 한다.

　뉴런들이 시냅스를 통해 연결된 신경망은 많은 쇠구슬이 스프링으로 연결된 쇠구슬 망에 비유할 수 있다. 쇠구슬 한 개가 어떤 힘에 의해 움직이면, 연결된 다른 쇠구슬도 따라 움직이게 된다. 이때 다른 쇠구슬이 얼마나 움직이느냐는 연결된 스프링의 특성에 따라 달라진다. 즉, 한 쇠구슬을 움직이는 입력이 들어오면, 쇠구슬 사이의 스프링에 따라 쇠구슬 망 전체의 움직임이 달라진다. 예를 들어 아주 단단한 스프링으로 연결된 경우 전체 쇠구슬 망이 같은 방향으로 움직이겠지만, 부드러운 스프링이라면 다양한 움직임을 보일 것이다. 단단한 스프링과 부드러운 스프링이 섞여 있는 쇠구슬 망의 경우, 단단한 스프링으로 연결된 쇠구슬들의 상대적 위치는 거의 변하지 않지만, 부드러운 스프링으로 연결된 구슬들의 위치에는 많은 변화가 생길 것이다. 학습을 통해 신경망에서 시냅스 값을 찾는 과정은 특정한 쇠구슬들의 움직임을 만들어내기 위해 각각의 스프링 특성을 조정하는 것에 비유될 수 있다. 먼저 스프링을 대강 연결하고, 쇠구슬 망에서 각각의 쇠구슬이 원하는 위치에 있게 될 때까지 스프링의 특성을 조금씩 바꾸면 된다.

사람의 두뇌에서 하나의 뉴런은 얼마나 많은 뉴런과 연결되어 있을까? 평균 연결 수는 유아기에 매우 적지만 성장하면서 많아져서 6세경에 최고에 이르렀다가 이후 약간 줄어들어 성인의 경우 천 개에서 만 개 사이가 되는 것으로 알려져 있다. 이는 뉴런이 다른 모든 뉴런에 연결되는 경우에 비하면 매우 적은 연결 수이다. 즉, 우리 두뇌에서 뉴런은 여러 개의 층(또는 모듈)으로 나누어져 있고, 한 모듈 내의 뉴런은 전 모듈 뉴런으로부터 신호를 받아 다음 모듈의 뉴런으로 연결한다. 이를 심층 신경망Deep neural networks이라고 하는데, 시냅스의 수를 줄이는 구조이다. 사실 뉴런은 뇌의 2차원 표면에 가까운 곳에 주로 위치하지만, 모든 뉴런이 다른 모든 뉴런과 직접 연결되려면 4차원 공간이 필요하게 되어 3차원인 두뇌에 모두 구현하는 것은 불가능하다.

새로운 정보를 학습하려면 뉴런과 뉴런의 연결 값, 즉 시냅스 값이 바뀌어야 한다. 컴퓨터 프로그램의 경우라면 필요할 때마다 새로운 버전으로 바꾸면 되지만, 학습 방법을 크게 바꾸기 어려운 두뇌에서는 실패를 거의 하지 않는 매우 단순한 최적화 기법이 사용된다. 즉, 시냅스를 바꿔보고 그 결과가 전보다 좋아지면 바꾼 상태로 두고, 다른 시냅스 값을 계속 바꿔가는 방법이다. 이때 어떻게 바꾸느냐가 얼마나 빨리 학습할 수 있는가를 결정하게 되는데, 인공신경망에서는 학습 오차를 시냅스 값으로 미분한 값을 활용한다. 이 미분은 시냅스 값이 변할 때 그에 따라 학습 지표가 얼마나 민감하게 증가 또는 감소하는가를 보여주는데, 학습 오차를 최소화하기 위해 이에 따라 시냅스 값을 줄이거나 키워주면 된다.

모든 학습 데이터에 대해 입력(동물의 사진)과 의미('개'나 '고양이' 등 사진의 종류)가 쌍으로 주어진 경우, 지도학습의 학습 오차는 각각의 입력에 대해 신경망이 실제로 생성하는 출력과 따로 주어진 의미 사이의 차이를 모든 학습 데이터에 대해 평균한 것을 주로 사용한다. 이때 입력에 대해 어떤 출력을 생성할지는 신경망 구조로 미리 설정하고, 이 구조를 기반으로 미분치를 계산한다.

물론 현재 많이 사용되는 인공신경망 구조와 학습법칙은 우리 두뇌의 생물학적 신경망을 그대로 모사하지는 못한다. 다만, 신경망 구조와 학습에 대한 핵심 개념을 매우 단순화해서 빌려온 것으로 생각할 수 있겠다.

신경망 학습은 모든 학습 데이터에 대한 오차의 총합을 최소화하는 최적화 기법이다. 그러나 같은 합을 가지더라도 무수히 많은 가능성이 존재한다. 현재 많은 심층학습 기법은 독특한 특성을 가진 소수의 데이터를 무시하고 주류만을 따르는 결과로 수렴하는데, 이렇게 하는 것이 학습이 쉽기 때문이다. 사실 사람도 자신이 편한 쪽으로 판단을 정당화하는 경향이 있다. 이를 극복하는 공정한 인공지능의 학습기법이 연구되고 있다.

그 밖에 현재 연구개발되고 있는 핵심 인공지능 기술은 무엇이 있을까? 먼저, 적은 학습 데이터로부터 빠르게 배우는 기술이다. 인공지능이 실세계에서 사용될 때, 학습 데이터에 없었던 데이터를 마주하게 될 가능성이 매우 크다. 따라서 학습 데이터와 실제 데이터에 대한 인공지능의 성능 차이를 줄이기 위해, 거의 모든 데이터를 망라하는 방대한 학습 데이터가 활용된다. 데이터 수집과 가공에는 많은 시간과 노력이 필요하므로, '하나를 가르치면 열을 아는' 인공지능이 필요하다. 이에 인간이 처음 보는 것이라도 기존에 보았던 다른 것으로부터 추출된 정보를 활용하여 파악하는 것과 같은 메커니즘을 활용하고 있다.

사람이 자신의 판단을 다른 사람들에게 잘 설명하고 근거를 제시해야 신뢰를 받을 수 있듯이, 인공지능도 스스로의 판단에 대한 근거를 제시하도록 요구된다. 법칙 기반 인공지능은 법칙을 따라 결과를 설명하면 되지만, 현재 주류를 이루고 있는 학습 기반 인공지능 기술에도 설명 가능성을 강화하려는 연구가 활발히 진행된다.

신경망의 두 가지 핵심 기능은 데이터의 인식과 생성이다. 데이터 인식과 생성을 하나의 모델에 결합하여, 이 두 가지 기능이 모두 향상된 모델이 큰 성공을 거두었다. 경쟁은 발전의 원동력이다. 창을 더욱 날카롭게 만들어 방패를 뚫게 하고, 이 창을 막을 수 있는 튼튼한 방패를 만들려고 하면, 더욱 우수한 창과 방패가 만들어진다. 특정인의 목소리를 흉내 낼 수 있는 음성 합성기와 음성으로부터 화자를 인식하는 신경망을 결합한 것이 그 예이다.

사람은 '보고 싶은 것만 보고, 듣고 싶은 것만 듣는' 경향이 있어서 많은 분쟁이 일어난다. 인공지능은 잘 보이지 않는 것을 보거나, 잘 들리지 않는 것을 듣는 데 탁월한 성능을 발휘한다. 이 하향식Top-Down 주의집중 모델은 복잡한 배경에서 특정 물체를 찾아내고, 시끄러운 잡음 속에서도 관심 있는 사람의 목소리를 인식하는 데 활용되고 있다.

현재의 딥러닝이 주로 영상 인식과 음성 인식 등 감각기능에서 큰 성공을 거둔 반면, 자연어 처리, 상황 이해, 의사결정 및 계획 등 고차 인지기능에 대한 연구개발과 응용은 상대적으로 초기 단계에 있다. 특히 감각 정보가 같더라도 다른 판단과 행동이 가능한 인간의 기능이 두뇌 속의 내면 상태, 즉 마음에 의한 것이므로 '마음'에 대한 과학적 이해와 공학적 인공지능 구현에서 돌파구가 생길 것으로 기대한다. 신경망에 특화된 반도체 프로세서의 개발도 활기를 띠고 있다.

결국 인공지능은 사람의 기능 중 일부를 기계가 대신하게 함으로써 사람과 관련된 모든 산업을 발전시키려고 한다. 이 과정에서 많은 직업이 사라지거나 기능이 바뀌게 될 것이며, 새로운 직업이 등장할 것이다. 그 가운데 인공지능을 잘 활용하는 사람이 더 큰 결실을 거두게 될 것이다. 인공지능에 의한 산업 발전이라는 수레바퀴를 멈추게 할 수는 없지만, 이에 올라탈 수는 있다.

# 4장

# 사람이 묻고 기계가 답하는 시대 : 인공지능이 당신의 비서, 쇼핑도우미, 변호사, 의사가 된다

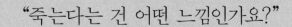

"죽는다는 건 어떤 느낌인가요?"

– "난 이제 죽었다"라는 말에 대한
챗봇 엘리자<sup>ELIZA</sup>의 답변

## 가상비서

"알렉사Alexa, 텅 트위스터tongue twister[1] 하나 알려줘." 이 한 마디에 인공지능 대화 에이전트인 알렉사가 곧바로 말을 내뱉는다. "Bluebeard's blue bluebird." 아마존의 원통형 스피커에서 무덤덤한 여자 목소리가 혀 한 번 꼬이지 않고 문장을 술술 읽어낸다. 정확히 말하자면 알렉사는 스마트 스피커 에코Echo의 뒤편에서 아마존 클라우드의 풍부한 데이터를 활용하는 대화형 에이전트 시스템이다. 알렉사는 싱거운 아재 개그도 꽤 잘하고, 부탁만 하면 크리스마스 캐럴도 불러준다. 2015년에 제품이 출시된 후 아마존에코Amazon Echo의 유머 기능은 듣는 사람의 취향에 따라 웃음을 주기도 하고 때로는 놀림거리도 되면서 화제가 되어왔다. 이런 장난스러운 기능에 이목이 쏠려왔지만 아마존에코는 인공지능 개인 비서를 향한 기술혁신의 한 과정이다.

소파에 누워 음성으로 명령하면 아마존에코가 방 온도를 높

---

1) 빨리 발음하기 어려운 문장을 빠르게 말하는 놀이. "간장공장공장장은 장공장장이고, 된장공장공장장은 강공장장이다"와 같은 식이다.

이고, 조명을 어둡게 하거나, 취향에 맞는 영화를 찾아줄 수 있다. 옷장 앞에 서서 날씨를 물어볼 수도 있고, 부엌에서 요리를 하다가 달걀을 장바구니 품목에 추가할 수도 있다. 알렉사는 뉴스를 큰 소리로 읽어주고, 사용자가 좋아하는 스포츠 팀이 점수를 냈을 때 알려주기도 한다. 미국에 사는 사람들은 알렉사를 불러 은행 계좌 잔고 확인은 물론이고 도미노 피자 주문도 할 수 있다. 알렉사는 아마존이 가지고 있는 제품 라인이라면 전 세계 어디서든 주문할 수 있고, 물론 아마존의 상품 추천 기능도 활용할 수 있다. 아마존이 운영하는 플랫폼이라는 사실 때문에 알렉사를 단순한 판매 기계로 평가절하해서는 안 된다. 알렉사는 대화를 통해 용어의 정의나 사실관계에 대한 답을 알려준다. 그러기 위해 다양한 온라인 자료를 통해 여러 정보를 모아 적절한 맥락으로 재구성한다.

알렉사 같은 시스템은 기술용어로 '가상비서'라고 불린다. 벌써 수년째 미국과 아시아의 거대 디지털 기업들은 음성으로 제어되는 가상비서 사업의 주도권을 둘러싸고 치열하게 경쟁하고 있다. 데이터 과학자와 기계학습 전문가로 이루어진 대규모 연구팀을 구성하고, 삼성이 대화 에이전트 비브Viv를 개발한 비브 랩스Viv Labs를 인수했듯이 유망한 신생 기업을 병합하거나, 마이크로소프트와 아마존처럼 깜짝 제휴를 맺기도 한다. 경쟁자들 간의 동맹으로 서로 다른 디지털 도우미들이 협력해서 사용자 서비스를 제공할 수도 있다. 기업들의 이런 노력은 과연 시장에서 생존할 수 있는가에 대한 두려움의 결과이다. 시리Siri의 애플Apple, 구글 어시스턴트의 구글, 코타나Cortana의 마이크로소프트, 그리고 빅스비Bixby의 삼성은 미래의 디지털 서비스가 스타트렉의 우주선 '엔터프라이즈'[2]에서처럼 '사람이 묻고 기계가 응답'하는 방식이 될 것이라는 점을 분명히 알고 있다. 만약 기계비서가 이 기능을 능숙하게 해내지 못한다면, 사람들은 다른 회사의 서비스를 찾게 될 것이다.

사용자는 점점 더 복잡한 문제를 묻고 더 상세한 답변을 기대한다. "오케이, 구글! 올 3월에 스위스로 날아가서 사흘 동안 스키를 타려고 해. 어느 스키장에 그때까지 확실히 눈이 남아 있을까? 근처에 괜찮은 호텔이 있을까? 취리히까지 가려면 항공편은 언제 가장 쌀까? 취리히 공항에 내려서 스키 리조트까지 가려면 렌터카를 빌려야 할까?" 이런 질문에 대답하기 위해 가상비서가 튜링 테스트를 통과해야 할 필요까지는 없겠지만 관련 사실을 효율적으로 조사하고 종합하여 의사결정에 필요한 근거

---

2) 미국의 인기 텔레비전 시리즈인 공상과학 드라마이자 영화로도 많이 만들어진 〈스타트렉〉의 우주선 이름이다.

를 제시해야 한다. 일상 속의 성가신 의사결정을 일일이 관리할 필요 없이 지능기계에 위임할 수도 있다. 가상비서는 프린터의 카트리지가 떨어지기 전에 미리 주문하고, 각종 청구서의 지불 기한을 놓치지 않는다. 청구 금액이 너무 크면 인지하여, 사람이 하는 것보다 훨씬 더 자주 지불 거부를 신청한다.

실리콘 밸리 스타트업 기업 엑스닷에이아이x.ai의 '에이미Amy'와 '앤드루Andrew' 같은 일정관리 비서는 미래에 인공지능 에이전트가 귀찮은 일상 업무를 어떻게 맡아줄지 보여준다. 이들은 인간 개인 비서가 없는 대부분의 사람들을 대상으로 한다. 사용자는 인공지능 비서에게 자신의 일정표와 이메일 계정에 접근할 권한을 부여한다. 일정이 만들어지는 과정은 다음과 같다. 회의에 관한 문의가 이메일로 수신되면 사용자는 기초적인 합의 의사를 답장으로 보내면서 '에이미'를 참조에 포함한다. 이 시점 이후 인공지능 비서는 회의 시간과 장소에 대한 합의, 또 누가 누구에게 언제 어느 번호로 전화하는가와 같은 세부적인 사항들이 정해질 때까지 반복적으로 이메일을 주고받는다. 이보다 기능이 확장된 가상비서 시스템은 하루의 전체적인 일정을 계획하면서 약속의 우선순위를 정하고 필요할 경우 알아서 약속을 조정하여 연기하기도 한다. 회의 시작 전에 사용자에게 개최되는 회의 관련 정보를 제시하고, 회의 중에 잊고 다뤄지지 않은 사항은 없는지 알리는 임무도 맡는다.

　인공지능에 의한 일정 관리는 이미 순조롭게 이뤄지고 있다. 특히 두 가상비서가 각자의 상사를 대신해서 서로 조율할 때는 거의 완벽하게 작동한다. 컴퓨터는 아직 사람보다는 컴퓨터를 상대로 일할 때 더 잘 해낸다. 하지만 이제 점점 더 많은 사람이 컴퓨터의 제안을 의심 없이 받아들이고 있다. 예를 들면 고속도로에서 교통 체증이 풀리기를 기다려야 할지 혹은 멀리 돌아가더라도 주변 도로를 이용하는 것이 좋을지 같은 비교적 소소한 의사결정을 의심 없이 컴퓨터에 맡긴다. 구글은 안드로이드 운영 체제를 사용하는 수많은 스마트폰에서 얻는 풍부한 실시간 데이터 덕분에 매우 정확하고도 쉽게 교통 상황을 고려한 최적의 길을 안내할 수 있다.


## 쇼핑도우미

　아마존이 에코 개발에 수억 달러를 투자해 큰 성공을 거둔 것은 결코 우연이 아니다. 1996년 설립 이래 아마존은 다른 어느 회사보다도 먼저 고객의 요구를 데이터로부터 추론하는 법을 알아냈다. 아마존은 1998년에 고객별 맞춤 추천 시스템이 도입된 후 '장바구니에 추가' 버튼을 누를 확률을 높이려면 누구에게 언제 어떤 가격으로 무슨 제품을 제안해야 할지 알아내기 위해 세밀하게 고객 데이터를 활용했다. 아마존은 인공지능을 활용한 상품 추천이 매출에 얼마나 도움이 되고 있는지 정확한 수치는 제공하지 않고 있다. 그러나 전문가들은 서구에서 가장 큰 온라인 소매업체인 이 회사의 전체 판매량 중 3분의 1은 인공지능 시스템의 구매 추천이 이끌었다고 생각한다. 이런 정도의 높은 비율은 고객이 시스템의 추천을 현명한 조언으로 받아들였을 때 가능하다. 관심 없는 물품이나 이미 구매한 제품에 대한 성가신 광고라고 인식했다면 불가능했을 일이다. 디지털 마케팅이 추구했던 잦은 노출을 통한 은근한 구매 강요는 고객의 외면을 불러왔다. 초토화된 시장에서 혁신적인 기업들은 온라인 광고의 끔찍한 이미지에서 벗어나 가상 구매 추천에 실제 사람처럼 생각하는 지능을 더하려고 노력해왔다.

그 개척자 중에는 캘리포니아 스타트업 기업인 스티치 픽스 Stitch Fix가 있다. 이 회사는 큐레이션 쇼핑[3]을 통해 구독 가입 고객에게 패션 제품을 판매한다. 스티치 픽스가 의류와 장식품이

---

3) 소셜커머스에서 사회자가 개입해 적절한 가격, 적당한 상품을 선별해서 제시하고, 자체적으로 고른 특정 회사 제품을 한정된 기간에만 판매하는 서비스이다. 공동구매 형태라서 일반적으로 가격도 저렴하다. 정기 구매형도 있는데, 매월 일정액을 내면 전문 업체가 매달 육아용품, 건강식품, 애견용품 등 필요한 상품을 알아서 배송해준다.

들어 있는 상자를 다섯 개씩 정기적으로 발송하면, 고객은 원하는 만큼만 골라 구매하고 나머지는 얼마든지 반품할 수 있다. 반품 처리 비용은 모두 회사가 지불한다. 따라서 회사가 번창하려면 고객의 취향을 최대한 맞추어야 한다. 스티치 픽스는 명중률을 높이기 위해 고연봉 데이터 과학자를 80명 이상 고용했다. 이들은 매우 복잡한 알고리즘과 최신 기계학습 방법을 활용하여 '발송한 의류 제품을 고객이 구매할 것인가?'라는 질문에 대한 답을 예측한다. 인공지능은 고객이 전에 선택했거나 반품했던 의류 품목을 통한 피드백이나 설문조사 같은 기본적인 정보 외에도 다양한 데이터를 활용해 고객이 좋아할 제품을 추천한다. 예를 들어 고객이 좋아한 인스타그램 사진들로부터 특정 패턴을 인지하여 고객 자신도 미처 깨닫지 못한 취향을 파악한다.

반면 미국의 메이시스 같은 백화점, 영국의 테스코와 프랑스의 카르푸 같은 대형 슈퍼마켓은 온라인 쇼핑에서 효과가 입증된 상품 추천 메커니즘을 현실 세계의 매장에서 쇼핑 보조 앱으로 적용하려 한다. 이 앱은 식품부에서 장을 보던 고객이 "샴푸가 어디에 있지?" 하고 물으면 샴푸가 있는 선반으로 가는 가장 빠른 길을 안내한다. 또한 고객이 적포도주 판매대 앞에 서 있으면 안주로 적합한 로크포르 치즈가 세일 중이라는 정보를 알려준다. 이런 인공지능 쇼핑도우미는 주로 판매업체가 제공하기 때문에 소비자의 입장보다 업체의 관심사를 우선시할 것이라는 의심을 받는다. 따라서 인공지능 쇼핑도우미 중에서도 잘 훈련되어 지능화된 프로그램은 고객과의 오랜 관계를 중시하는 평판 좋은 상인처럼 행동한다. 이들은 고객이 구매를 후회하도록 이끌지는 않을 것이다.

사실 판매업체로부터 독립적으로 구매 조언을 제공하는 가상 쇼핑도우미가 많아지는 것이 바람직하다. 가격비교 앱이 그런 예가 될 수 있는데, 인공지능 쇼핑도우미가 사용자에게 한동안 검색만 하고 구매하지 않은 제품의 세일 정보를 자동으로 알려준다. 모든 제품 범주에서 소비 행태를 체계적으로 관찰한다거나, 구매 결정의 패턴을 통해서 사용자의 선호도와 실제 지불의사의 관계를 파악하거나, 사용자가 화장지를 일주일이면 다 써버린다는 사실을 알고 있거나, 어떤 물품은 묻지 않고 주문해도 되고 어떤 물품은 사용자가 구매를 직접 결정할 수 있도록 해야 할지 구분하거나, 판매업체와 미리 가격 흥정까지 해줄 수 있는 인공지능 쇼핑도우미가 있다면 얼마나 좋겠는가. 개인정보 보호를 걱정하는 사람들은 이런 가상 에이전트가 소비자를 '투명하게 드러내' 갖가지 형태의 의도된 조작에 취약해지게 한다고 여길 것이다. 그러나 쇼핑 시간을 줄이고 싶은 사람에게는 이런 시스템이 중요한 편의를 제공한다. 인공지능 쇼핑도우미가 판매자의 영향권에서 벗어나 고객의 실질적인 대리인이 된다면, 말도 안 되는 마케팅 수법에 걸려드는 실수를 인간보다 훨씬 적게 할 것이다.

## 인공지능 변호사

인공지능은 법률자문 분야에서도 서비스의 범위를 빠르게 넓혀가고 있다. 세계에서 가장 성공적인 인공지능 법률 도우미는 두낫페이DoNotPay, 즉 '지불하지 마'라는 뜻의 도발적이고 의미심장한 이름을 가지고 있다. 두낫페이는 열아홉 살인 스탠퍼드 대학생 조슈아 브라우더Joshua Browder가 만들었다. 이 인공지능 법률자문 도우미는 미국과 영국에서 주차 위반 통지서를 부당하게 받았다고 생각하는 사람들이 이의 제기하는 것을 도와주었다. 챗봇 변호사가 대화를 통해 관련된 정보를 요청하고 몇 분 안에 개별 상황에 맞춰 현지 실정에 적합하면서도 법적으로 완벽하고도 호소력 있는 이의신청서를 작성한다.

사용자는 이 신청서를 인쇄해서 서명한 후 보내기만 하면 된다. 2015년부터 2017년까지 2년 동안 이 로봇 변호사는 약 37만 5,000개의 벌금 통지를 막아냈다. 이 챗봇 변호사는 교통법에서 시작했지만 현재 항공사를 대상으로 한 각종 청구, 출산휴가 신청, 부동산 임대, 미국과 캐나다 망명 거부에 맞선 이의 제기 등 다양한 전문 분야로 업무를 확장하고 있다. 2018년 3월부터 두 낫페이는 항공사 준법감시 법규를 활용하여 너무 비싼 가격으로 책정된 항공권을 환불하도록 요구하고 승객의 예약 변경 권리를 지키고 있다. 두낫페이는 역시 그 이름에 걸맞게 수임료를 받지 않는다. IBM이 브라우더가 왓슨 플랫폼을 무료로 사용할 수 있게 한 점이 이 무료 서비스를 가능하게 한 이유 중 하나이다.

두낫페이는 법률 관련 영역에서 활용되고 있는 수천 개 인공지능 에이전트 중 하나일 뿐이다. 이른바 '리걸 테크Legal tech'라고 불리는 인공지능 서비스 산업이 번창하는 데는 두 가지 주요 요인이 있다. 첫째, 법률 전문 지식을 얻으려면 비싼 값을 치러야 한다. 그러므로 정형화된 법률 관련 업무를 자동화하거나 사용자가 법률 전문가를 찾아갈 필요 없게 함으로써 큰돈을 벌 수 있다. 둘째, 법학은 인공지능을 적용하여 자동화하기에 매우 적합하다. 고도로 공식화된 언어를 사용하여 세세하게 만들어 낸 규칙(법률 및 규정) 위에 구성되며, 판례 요약과 의견, 논평과 계약서라는 잘 기록된 방대한 법적 문서가 존재한다. 따라서 인공지능이 패턴 인식 기능을 이용하여 비교 분석할 수 있는 자동화가 쉬운 분야이다. 현재 리걸 테크는 주로 변호사와 기업의 법률 고문 같은 전문가들이 법률적 함정이 있을 수 있는 계약서를 검토하고 방대한 서류를 꼼꼼히 뒤지며 고소장을 어느 법정에 제출해야 재판에 이길 확률을 높일 수 있을지 결정하는 데 활용되고 있다.

법률자문 에이전트의 기능이 더욱 다양해지고 사용자 인터페이스가 간편해질수록 일반 사용자가 늘어날 것이다. 두낫페이의 브라우더는 2017년에 그의 인공지능 기반 대화엔진의 소스코드를 공개했다. 덕분에 기술 지식이 전혀 없는 법률전문가라도 대화 에이전트를 이용한 법률 응용 프로그램을 작성할 수 있게 되었다. 두낫페이는 이혼법부터 개인 파산에 이르기까지 수천 가지의 법률 분야에서 신속하고도 실수 없이 도움을 제공하고자 한다. 인간 변호사라도 이런 일을 다 잘할 수 있는 것은 아니다. 게다가 이 무료 챗봇 변호사는 수임료 청구 시간을 늘리려고 계약을 복잡하게 만드는 데는 관심이 없다. 물론 인공지능이 각 분야에서 최고로 인정받는 변호사들만큼 영리해지려면 시간이 오래 걸릴 것이다. 그러나 통상적인 사건에서 인공지능은 이미 인간 변호사를 상대로 꽤 자주 승소하고 있으며, 때로는 아주 통렬하게 승리를 거두기도 한다.

2018년 2월 인공지능 법률 기업인 로긱스LawGeex 주최로 인간 대 기계의 대결이 펼쳐졌다. 계약서 평가를 학습한 인공지능은 숙련된 인간 변호사 20명과 경쟁을 벌이며, 제시된 비밀유지

협약서에서 법적인 문제점을 찾아내야 했다. 인공지능은 94퍼센트 대 85퍼센트의 성공률로 인간보다 더 정확하게 계약서를 검토했다. 속도 면에서도 인간 변호사는 평균 92분의 검토 시간이 필요했던 반면 인공지능은 26초면 충분했다.

이제 디지털 규모의 성장이 다시 디지털화를 촉진하는 메커니즘이 작동하기 시작했다. 일단 인공지능 프로그램이 개발되고 사용자 피드백을 통한 지속적 학습이 가능해지면, 더 많은 사람이 저렴하게 이용할 수 있는 수준으로 발전할 수 있다. 사회적으로 전문성이 보편화하면서, 소비자가 힘을 더 갖게 되고 전문가의 평균 역량도 높아진다. 이는 최근 많은 사람이 새로운 변화를 기대하고 있는 의학 분야에서 인공지능 발전이 가져올 현실적인 시나리오이기도 하다.

## 닥터 왓슨, 저는 무슨 병인가요?

기계가 사람보다 인간의 질병을 더 정확히 진단할 수 있을까? 많은 실험과 연구 결과에 따르면 답은 '그렇다'이다. 이는 종양학과 심장학 분야와 더불어 유전질환 분야에서 특히 두드러지고 있다. 예를 들어 단층촬영CT 영상 데이터에 대한 딥러닝을 통해 유방암의 종양 성장을 훨씬 정확하게 예측하고 치료법을 결정할 수 있다. 이는 인공지능에 의한 의료 발전의 시작일 뿐이다. 세포 영상에 패턴 인식을 적용하여 아직 의료계에 알려지지 않았던 악성 종양과 양성 종양을 구분하는 특성을 찾아낼 수 있었다. 인공신경망이 병원에서 환자를 진단할 뿐 아니라 연구실에서 최첨단 의학 연구도 수행하고 있다.

저렴한 센서가 일상용품에 내장되어 대량으로 배포되고 이를 통해 방대한 데이터가 만들어지면 인공지능을 통한 보건의료 혁신의 기반이 마련될 것으로 기대된다. 스마트워치가 하루 24시간 심장 박동을 분석하여 특정 위험인자를 가진 사람에게서 심장 마비의 전조가 발생하면 미리 경보음을 울릴 수 있다. 유전적 원인으로 생긴 부정맥의 경우라면, 인공신경망이 막대한 양의 유전자 데이터를 학습하여 유전자 분석을 통해 해당 위험인자를 찾아낼 수 있다.

현재 인공지능은 6개월 된 아기 뇌의 자기공명영상MRI으로부터 아이가 자라서 유아기 또는 청소년기가 되었을 때 자폐증 발생 위험이 있는지를 예측할 수 있다. 초기에 치료가 시작될수록 자폐의 영향이 제한된다는 점에서 이 기술은 매우 중요하다. 앞으로 인공지능은 아기에게 가장 유용한 치료법을 골라낼 뿐만 아니라, 유전자 정보에 따라 최적의 효과를 낼 수 있는 약을 개발하는 데도 도움을 줄 것이다.

많은 연구자와 스타트업 기업이 뎅기열 같은 감염병의 발생과 유행 경과를 예측해 질병관리본부가 적시에 대응책을 내도록 돕고 감염병 발병 지역 확대를 제한하고자 빅데이터big data와 기계학습 기술을 시급히 적용하려 하고 있다.

진료와 연구, 진단, 치료를 새로운 수준으로 끌어올리기 위해 인공지능 에이전트가 유전자 데이터베이스, 환자의 의료기록, 연구 자료와 감염병 통계 데이터를 파고들어 분석한다. 이런 노력의 결실이 가능한 한 많은 감염병에 대해, 최대한 빨리 성공으로 이어져야 할 것이다. 그러나 의료계에서 발표되고 있는 혁신

적 성과는 주의 깊게 살펴봐야 한다. 의료 분야 연구자와 회사 창업자들은 가끔 마케팅 목적으로 결과를 과장하는 경향이 있다. 사실, 주의해야 하는 더 중요한 이유는 다른 어떤 분야보다도 건강과 의료를 엄격하게 규제해야 하기 때문이다. 의료 인력과 지원 인력의 자격 요건부터 의약품과 의료 기기의 승인, 특히 환자의 개인정보 보호에 이르기까지 엄밀히 관리되어야 한다. 그래야 하는 이유는 설명할 필요도 없을 것이다. 하지만 그 때문에 혁신이 시작되는 연구 실험실에서 기술이 적용되는 일선 병원까지는 매우 멀고도 험난한 길이 놓여 있다.

보건 부문에서는 환자 정보가 인공지능을 통한 혁신에 가장 중요한 원재료라고 할 수 있다. 이 정보는 법적으로 밀봉되어 지정된 장치에만 저장된다. 인공지능이 이 데이터를 법적으로 또 기술적으로 활용하려면 우선 익명으로 처리한 다음 정리하여 규격화해야 하는데 이는 꽤 공을 들여야 하는 일이다.

마침내 디지털 혁신이 의료 활동에 적용될 단계에 이르면 또 다른 근원적 질문들이 제기될 것이다. 어릴 적부터 우리를 치료해온 경험이 풍부한 인간 의사의 판단보다 데이터를 기반으로 한 인공신경망 의사의 판단을 더 신뢰할 수 있을까? 아마도 통계를 믿는 컴퓨터 공학도라면 무조건 '예'라고 대답할 수도 있을 것이다. 그러나 어떤 환자들은 의사결정의 권위를 인간에서 기계로 옮기는 데 불편함을 느낄 것이다.

미래학자들의 시나리오에서 진단 의사는 인공지능에 의한 자동화 물결에 위협받는 지식근로자 목록에서 늘 상위권에 있었다. 어쩌면 같은 인간과 공감하고 싶어 하는 환자의 마음이 이 교체 시기를 조금 더 미룰지도 모르겠다. 그러나 계약 전문 변호사나 회계사, 감사관, 재무 담당자, 보험설계사, 행정사무원, 사회복지사, 영업 담당자의 시계는 기다려주지 않을 것이다. 그리고 인공지능에 위협받는 전문 직업 목록에는 기술 역사상 또 하나의 역설이 추가될 것이다. 인공시스템을 구축한 사람들, 즉 프로그래머가 그 목록에 포함된다.

1장에서 잠시 언급했지만, 고용 통계와 추세를 연구하는 사람들은 자동화의 진행과 그 결과가 고용에 미치는 부정적인 영향에 대해 아주 빈약한 데이터로 미래를 예측하고 있다. 냉정하게 보면, 인공지능의 판단과 결정이 사람들의 신뢰를 얻기까지는 아직 넘어야 할 높은 장벽이 남아 있다. 인공지능 기술에 대한 지식이 없는 사람들은 대부분 전문가의 도움 없이는 인공지능으로부터 적절한 조언을 얻기조차 쉽지 않고, 조언을 얻었다고 하더라도 합리적으로 적용하는 데 어려움을 느낄 것이다. 특히 우리의 가장 소중한 재산인 건강 문제가 걸려 있을 때, 만약 이런 합리적 적용이 어렵다고 생각되면 사람들은 절대 인공지능의 조언을 들으려고 하지 않을 것이다. 하지만 적어도 우리는 예전처럼 경험과 직감으로 처방을 하는 의사가 아니라, 데이터와 근거에 기초한 처방을 하기 위해 인공지능 시스템을 사용할 줄 아는 의사를 원하게 될 것이다.

앞서 소개한 스티치 픽스에서 각 상자에 어떤 물품을 넣을지에 대한 최종 결정은 여전히 사람이 한다. 수천 명의 인간 스타일리스트가 각자 맡은 고객의 상자에 개인 메모를 동봉하고 질문에 직접 답한다. 고객 데이터를 학습한 알고리즘을 적극적으로 활용한 이 온라인 개척자조차도 결국 사람이 (고객과 인간적 관계를 구축하기 때문에) 기계보다 상품을 더 잘 판매한다고 확신했다.

변호사가 적어진다고 세상이 더 나빠지지는 않는다. 점점 더 복잡한 규칙으로 채워져 가는 세상에서 그 규칙을 해석하는 사람이 점점 더 많아지면, 그 사회와 경제는 어떤 부가가치를 얻게 될까? 두낫페이의 조슈아 브라우더는 "법률 시장은 200조 원 이상의 초대형 산업이지만, 나는 법을 공짜로 만드는 데 희열을 느낀다"라고 말하며 이렇게 덧붙였다. "아마 대형 법률회사들은 기분이 좋지 않겠지만!" 우리는 법률서비스의 고객으로서 미래의 변호사들이 인공지능의 도움을 받아 더 저렴하면서도 품질 높은 서비스를 제공하도록 요구하게 될 것이다. 미국 법률회사인 베이커호스테틀러BakerHostetler의 변호사들은 이미 인공지능 법률 에이전트 로스ROSS의 도움을 받고 있다.

　인공지능에 의한 자동화가 진행되는 거의 모든 지식 기반 전문가 직업군에서 지식근로자의 대량 실업 문제가 대두되고 있지만, 이에 대한 근원적인 질문은 달리 표현해볼 필요가 있다. '영업사원, 변호사, 의사가 인공지능의 도움으로 더 많은 사람에게 더 전문적인 조언을 제공할 수 있다고 확신할 수 있는가?' 즉, 인간을 대체하는 완전한 자동화가 아니라 의사결정 보조라는 것이 달라진 관점이다. IBM 최고경영자인 버지니아 로메티Virginia Rometty는 이렇게 말한다. "어떤 사람들은 이런 것을 인공지능이라 부르지만, 실제로는 이 기술이 우리의 능력을 향상시킬 것이다. 따라서 인공지능이 아니라 인간지능 보강 기술이라고 생각한다." 로메티가 상황을 명확하게 보고 있는 것이라면, 이는 향후 수년 안에 인공지능이 지식근로자를 대체하지 않는다는 것을 의미한다. 대신에 기술에 정통한 영업사원, 변호사, 의사가 인공지능을 사용할 줄 모르는 동료를 대체하게 될 것이다.

이수영과
한 걸음 더!

# 인간의, 인간에 의한, 인간을 위한
# 인공지능

머지않아 다가올 미래의 하루는 아래와 같이 시작될 것이다.[1]

"새벽 6시. 한인지 씨는 점점 밝아지는 실내조명 아래 상쾌한 음악을 들으면 잠에서 깨어난다. 조금 더 자고도 싶지만, 아침에 할 일이 있는 것을 아는 도우미가 점점 음악을 크게 틀 것이고, 그래도 안 되면 침대가 요동을 칠 것이다. 그 전에 일어나는 것이 좋다는 것을 경험으로 알고 있다.

욕조에는 이미 따뜻한 물이 받아져 있어 간단히 목욕하고 거실로 갔다. 거실의 한 벽을 차지하는 거대한 디스플레이 속의 도우미가 간밤의 주요 뉴스와 함께 오늘의 일정을 설명한다. 최근 며칠 늦게까지 일하여 피곤한 것을 아는 도우미의 목소리에 애교가 묻어 있다. 일부러 그러는 줄 알면서도 기분이 나쁘지 않다. 거실의 한쪽에는 아침 식사가 준비되어 있다. 북엇국이 나온 것으로 보아 어제 저녁에 과음한 것을 도우미가 알고 있는 것이다.

자동차에 오른 한인지 씨는 의자에 편하게 눌러앉았다. 특별한 말을

1) 이수영, 〈인공두뇌: 뇌정보처리 메커니즘과 정보기술의 결합〉, 《전자공학회지》 36권 11호, 대한전자공학회, 2009. (인용)

하지 않으면 도우미가 사무실까지 알아서 운전해 갈 것이다. 오전에 할 일에 대해 몇 가지 질문을 한 후 가만히 있자, 도우미도 더 말하지 않고 조용히 기다린다. 한인지 씨가 쉬고 싶어 하는 것을 눈치 챈 것이다.

사무실에서 도우미는 동료이자 비서이다. 일정 관리는 물론 문서 작성, 업무 분석 등을 수행하는 전문가로서의 역할을 수행한다. 예전에는 20명이 하던 일을 지금은 10명의 인원이 각자의 도우미와 함께 한다.

일찍 퇴근한 한인지 씨는 갑자기 다른 도시에 살고 있는 아내와 아이가 보고 싶어졌다. 도우미는 재빨리 아내의 도우미에게 연결하여 한 씨가 아내와 '인지통화'를 하게 한다. 인지통화 기술은 화상통화의 다음 단계로, 음성과 영상뿐만이 아니라 오감 전체를 전달하여 바로 옆에 있는 듯한 교감이 이루어진다. 아내의 도우미는 아이의 교육도 담당하여 하루 사이 아이의 중요 일과를 설명한다. 다음은 부모님께 통화하고, 부모님의 도우미를 통해 그날의 일과와 건강 상태를 보고받는다. 이들이 아이와 부모님을 잘 돌보는 것을 알기에, 한인지 씨와 아내가 낮에 일에 전념할 수 있다.”

여기서 도우미는 개인을 위한 인공지능이다. 그러나 형체는 없다. 전자 제품, 가구, 집, 사무실, 그리고 자동차에도 있으면서 네트워크를 통해 하나의 시스템으로 연결되어 있다. 4차 산업혁명이 이룰 미래 사회의 특징은 인공지능을 장착한 도우미 또는 동반자의 도움으로 생산성을 획기적으로 향상하는 데 있다. 따라서 인공지능 도우미는 자율성, 개인화, 상호작용을 3대 특성으로 가진다.

자율성은 인공지능 도우미가 가져야 할 최소한의 기능이다. 사무실이나 가정에서 세부 사항을 일일이 가르쳐주고 명령해야 하는 도우미는 환영받지 못한다. 대부분의 일은 스스로 알아서 수행하고, 중요하거나 어려운 일만 질문하는 도우미를 원한다. 그리고 한 번 물어본 내용과 유사한 일은 추후 스스로 알아서 처리할 수 있어야 한다. 특히 자율주행차 등 실시간 반응이 필요한 경우는 자율성이 필수 요소이다.

유능한 인공지능 도우미는 더 나아가 특수 관계를 형성하는 사용자의 업무 스타일과 생활 방식을 따르도록 개인화될 것이다. 최신 연구 결과에 따르면 사람은 자신과 유사한 성향의 인공지능 에이전트를 더욱 신뢰하는데, 둘 사이의 신뢰는 효율적 협력의 전제 조건이 된다. 예를 들어 자율주행차에서도 승차자는 자신과 유사한 운전 스타일을 기대할 것이다.

유능한 인공지능은 상호작용을 통해 업무 효율을 더욱 높일 것이다. 단순히 사용자의 명령이나 의도에 따라 업무를 하는 수동적 자세에서 벗어나, 자신의 일이 사용자에게 미치는 영향을 고려하여 바로 눈앞의 결과가 아니라 몇 단계 앞에서 벌어질 결과를 염두에 두고 일을 수행하게 될 것이다. 예를 들면 사람의 감정을 고려하여 적절한 대화를 통해 분위기를 바꾸는 대화 에이전트가 가능해진다.

이런 기능의 인공지능 도우미가 다양한 산업과 서비스를 담당하게 될 것이다. 예를 들어 인간이 하는 일 중에서 비교적 단순하고 반복적인 업무를 수행하거나, 복잡하더라도 실시간 반응이 필요하지 않은 업무를 돕게 될 것이다. 사람을 대신하여 전화로 주문을 받고 상담하거나, 가전제품을 작동시키고 자동차를 운전하는 것이 전자의 예이다. 후자의 예로는 법률이나 의학, 경제, 교육 등의 분야에서 전문 업무를 돕는 인공지능 도우미를 들 수 있다. 어떤 음악을 들을지, 어떤 프로그램을 볼지에 대한 선택은 물론이고, 먹을 음식과 입을 옷을 선택하는 것조차 인공지능의 도움을 받을 수 있다. 사무실에서의 업무 도우미는 양자 모두에 걸쳐 있게 된다.

이 외에도 지금은 생각하지 못하는 다양한 산업과 서비스가 창출될 것이다. 이렇게 창출되는 가치를 공정하게 분배하는 것도 매우 중요하다. 신산업과 신서비스의 개발자가 이익을 독점하는 구조에서 벗어나, 데이터를 사용하고 제공하는 일반 소비자에게도 상당 부분의 이익을 주는 제도가 마련될 것이다. 더 나아가, 새로 생성된 이익은 신산업과 신서비스의 부상으로 줄어드는 일자리를 고려한 점진적인 재교육과 사회 인프라 구축에도 투자되어야 한다.

학습에 의해 성장하는 인공지능의 사용에 따른 책임 소재도 명확히 할 필요가 있다. 한 예로, 공장에서 만들어진 그대로 운전하는 자율주행차가 사고를 낼 경우, 현재 대부분의 기계처럼 제조업체가 책임을 지게 될 것이다. 그러나 사용자의 운전 습관을 학습한 자율주행차라면, 제조업체는 책임을 지지 않으려 할 것이다. 이 경우 탑승자가 책임을 지는 것이 타당할 수 있다. 또한 탑승자는 자율주행 기능을 사용하지 않을 선택의 자유도 있다.

현재 전 세계적으로 인공지능의 윤리에 대한 논의가 활발하게 진행되고 있으나 비윤리적 언어, 딜레마 해결, 데이터 편향성 등 개개의 문제마다 따로따로 해결책을 강구하기는 어렵다. 모든 가능성을 미리 고려하여 법칙을 만드는 것은 법칙 기반 인공지능의 실패에서 알 수 있듯이 현실적으로 어렵다. 따라서 인공지능 기술이 어린아이처럼 사람의 판단과 행동으로부터 삶의 목표와 판단의 우선순위 등 윤리 가치를 스스로 배우게 되면, 대부분의 인공지능 윤리 문제는 사람의 윤리 문제로 대체될 수 있다. 이러한 인공지능의 책임에 대해 사회적 공감대가 형성되도록 정부의 노력과 입법이 필요하다.

마지막으로 이 모든 것의 전제 조건으로, 인간과 인공지능이 공존하는 사회에서 인공지능을 위협이 아니라 도우미나 동반자로 보는 시각의 변화가 필요하다. 일부 전문가들조차도 인공지능의 위험성을 지나치게 강조하지만, 인류의 역사를 돌아볼 때 인류는 혁신적인 기술에 있을지 모르는 위험 요소를 극복하며 사회를 발전시켜왔다. 일부 직업이 궁극적으로 사라질 수 있지만, 인간이 인공지능의 업무를 지도하며 공동 작업하는 형태로 시작하여 점차 새로 창출되는 영역으로 인간의 업무를 이전할 수 있을 것이다. 인공지능이 발전하여 인간에 반하는 행동을 할 수도 있지만, 그 위험성은 높지 않다. 인공지능은 인간으로부터 배우기 때문에, 인공지능이 인간보다 더 위험하지는 않다.

　미래 사회에서 인간은 인공지능 도우미의 도움을 받아 스스로에게 의미 있는 일을 더 창의적으로 수행할 자유를 얻게 될 것이다.

5장

---

# 인간과 로봇이 함께 일하는 시대
## : 스마트 기계, 협동로봇,
## 지능형 사물인터넷

"로봇이 된다는 건 근사한 일이지만,
우리는 감정이 없어요. 그런 상황이
때로는 나를 슬프게 만들죠."

– 애니메이션 〈퓨처라마 Futurama〉에 나오는
로봇 벤더 Bender

## 재난구조 로봇

2011년 3월 11일 오후 2시 45분, 규모 9.0의 지진이 일본 후쿠시마를 강타했다. 다이이치 원자력발전소로 들어오는 외부 전력 공급은 끊겼지만 비상 발전기가 가동되었고, 세 개의 원자로가 자동 정지되었다. 기술 보안 담당자는 백업 배터리의 스위치가 비상 계획에 따라 올라갔고, 충분한 양의 냉각수가 핵연료봉에 공급되고 있다고 보고했다. 그러나 지진이 발생한 지 약 1시간 후 9미터 높이의 해일이 원자로를 덮쳤고, 곧이어 두 번째 파도가 들이닥쳤다. 바닷물이 보조 발전기, 배터리, 물 펌프를 모두 정지시켰고, 원자로 안의 냉각수가 증발하기 시작했다. 그 결과 원자로 연료봉은 위험한 온도까지 가열되었고, 높은 폭발력을 가진 수소 가스가 원자로 격납고에 가득 찼다. 보안 요원이 가스 배출을 위해 통풍구를 필사적으로 열려 했지만, 통풍구는 원격 제어로는 작동되지 않았다. 게다가 원자로 격납고 내부의 방사능 수준이 너무 높아 작업자가 통풍구에 접근할 수도 없었다. 최초 지진 발생 약 24시간 후, 발전소의 여섯 개 원자로 중 하나에서 수소 가스가 폭발했고, 이틀 후에는 두 번째 원자로에서, 다음 날에는 세 번째 원자로에서 폭발이 일어났다. 원자로 내에서 연료봉이 녹아내리는 것을 막을 어떤 방법도 없었다.

체르노빌 이후 최악의 원전 사고가 일어난 후쿠시마에서 얼마나 많은 사람이 사망하고 병들었는지는 확실치 않다. 10만 명 이상의 주민이 대피했다. 잔해 청소에 30~40년이 걸리고 200조 원 이상의 비용이 들 것이라고 한다. 만약 과열되고 오염된 원자로 안으로 로봇을 보낼 수 있었다면 어떻게 되었을까? 통풍구를 열어 수소 가스를 빼낼 수 있었을까? 로봇이 추가적인 비상조치를 취해 핵반응로를 안전하게 정지시킬 수 있었을까? 최악의 시나리오를 막아 지진과 해일의 피해를 최소화할 수 있었을까? 이런 질문은 일본의 뉴스 미디어에서뿐만 아니라 미국 국방고등연구기획청이 주최한 로봇 챌린지Robotics Challenge 대회에서도 던져졌다.

로봇 챌린지는 자율주행 기술 발전을 지원한 그랜드 챌린지의 후속으로, 만약 후쿠시마 다이이치 발전소에 로봇이 투입되었다면 피해가 줄었을 것이라는 자각에서 준비되었다. 이 대회는 재난구조에 활용할 수 있는 로봇 기술의 발전에 활력을 불어넣는 것을 목표로 삼았다. 참가팀에게는 모의 재난 상황에서 계단을 오르고 수북이 쌓인 잔해를 넘어, 잠긴 문을 열고 이동할 수 있는 로봇을 제작하는 임무가 주어졌다. 로봇은 진입로를 막은 잔해를 분해해서 옮기고 전기 코드를 뽑고 드릴 같은 도구를 작동시킬 수 있어야 했다. 물론 통풍구를 열거나 닫을 수도 있어야 했다. 대회를 주관한 국방고등연구기획청은 로봇이 자동차를 운전해 재난 현장까지 이동해야 한다는 조건을 덧붙였다.

후쿠시마 사고 1년 만에 대회가 시작되어, 드디어 2015년 6월 6개국 23개 팀이 결승전에 참가하기 위해 로스앤젤레스 박람회장과 이벤트 센터에 모였다. 출발선의 휴머노이드humanoid 로봇은 장애물 코스를 넘나들며 후쿠시마와 유사한 상황에서 자신의 가치를 입증할 수 있어야 했다. 2백만 달러의 상금이 우승팀을 기다렸다. 육중한 금속의 도전자들은 모든 육상 경기 종목에서 최강자가 되어야 하는 올림픽 십종경기에서처럼 다양한 임무를 빠짐없이 수행해야 했다. 수천 명의 관중이 이들을 응원했다. 물론 로봇들은 인간 육상 선수만큼의 속도와 지구력, 힘과 기술을 보여주지는 못했다.

경쟁의 결과는 다소 혼란스러운 반응을 불러일으키기도 했다. 2년간 세 차례에 걸쳐 진행된 대회의 마지막 경기가 끝난 후, 영상 편집본이 트위터, 페이스북, 유튜브를 통해 공유되었다. 거대한 로봇이 문손잡이 앞에 무기력하게 서 있거나, 몇 개 되지 않는 계단에서 넘어지거나, 직선을 따라 걷다가 알 수 없는 이유로 넘어졌다. 어떤 로봇은 머리를 잃어버리고 헤매기까지 했다. 일부 누리꾼들은 자동차 운전만 제외하면 미취학 아동도 10분

이내에 장애물 코스를 완벽하게 돌파하겠다며 댓글을 달았다. 그러나 참가 로봇 중 일부가 모든 작업을 완수했다는 점에 주목해야 한다. 한국의 휴보Hubo도 44분 28초 만에 가장 빨리 여덟 개 과제를 모두 완료했지만, 후쿠시마 원자로가 녹아내리는 것을 멈추기에는 아직 부족하다는 인상을 주었다. 하지만 휴보와 그의 동료 로봇들은 목표를 위해 기술 발전이 어떤 방향으로 이루어져야 할지에 대한 매우 중요한 실마리를 마련했다.[1] 인터넷상의 조롱과 대회장에서의 열광적 응원은 우리가 로봇에 대해 현재 가지고 있는 모순된 기대와 심경을 흥미롭게 반영한다.

## 가상물리시스템

인류가 로봇을 상상하는 방식은 작가와 영화감독에 의해 형성되어왔다. 프리츠 랑Fritz Lang 감독이 1927년에 만든 영화 〈메트로폴리스〉, 소설가 아이작 아시모프Isaac Asimov가 섬세하게 빚어낸 판타지 세계가 대표적이다. 우리 의식 속의 로봇은 '월-E'

---

1) 휴보는 휴머노이드 로봇이지만 모든 작업을 반드시 두 발로 걸으면서 수행할 필요는 없으며, 잔해를 넘는 데는 무릎에 달린 바퀴가 훨씬 유용함을 보여주었다. 즉, 융통성을 한껏 발휘하는 인간다운 면을 드러냈다.

처럼 어린아이 같은 얼굴로 역할을 성실히 수행하거나, '터미네이터'처럼 인간에게 심각한 위협을 가하거나, 영화 〈엑스 마키나 Ex Machina〉의 매력적인 '에이바Ava'처럼 로맨틱하고도 에로틱한 환상을 불러일으킨다. 이러한 대중문화의 영향으로 로봇에 대한 기대가 한껏 높아졌지만, 현실의 로봇 축구 세계 대회에서는 어린아이 크기의 플라스틱 휴머노이드가 느릿느릿, 서툴게 서로를 향해 공을 찬다. 우리는 그런 모습을 보며 기술 현실의 벽에 부딪히지만, 대회 주최 측은 아무리 늦어도 2050년 이전에 로봇 축구팀이 인간 월드 챔피언 팀을 이기게 될 것이라고 기대한다.

현재 로봇 응용은 원자력발전소나 축구 경기장보다는 감흥이 덜한 장소에서 발전이 이루어지고 있다. 예를 들면 산업 시설과 물류 창고, 기차, 호텔 로비 등이다. 로봇은 기관차를 운전하고, 손님의 체크인을 도우며, 건물의 유리 외벽과 카펫을 청소하고, 과일을 따거나 잔디를 깎는다. 로봇은 우리가 상상해왔던 이미지와는 다르게, 다양한 모습으로 진보하고 있다. 많은 경우 개발자들은 로봇이라는 이름보다 '가상물리시스템'이라는 용어를 사용한다. 이는 가상 세계 디지털 지능이 제어하는 실세계 기계를 의미한다. 가장 눈에 띄는 예로 자율주행차를 들 수 있다. 드론, 지능형 우유 착유기와 과일 수확기, 자율운전 지게차, 스마트 홈도 실세계와 가상 세계가 통합되고 있는 급격한 변화 과정의 한 부분이다.

아마존이 주최하는 '피킹 챌린지Picking Challenge' 로봇 경진 대회는 매년 주요 미디어의 관심을 끌고 있다. 이 대회에서 로봇은 초코칩 쿠키, 청소용 솔, 각종 도서에 이르기까지 갖가지 물건을 스스로 인식하고 집어서 손상되지 않게 상자에 넣어야 한다. 이 행사를 지켜보는 것은 흥미롭지만 적어도 현재로서는 기계가 숙련된 사람의 손에 대항할 가능성은 없어 보인다. 창고용 로봇 '키바Kiva' 군단은 아마존의 여러 물류 창고 안에서 벌써 수년째 상품을 운반하고 있다. 사람은 여러 대의 키바가 창고를 돌아다니며 가져온 물품을 집어 주문 상자에 넣고 포장한다. 키바는 팔과 머리가 없다. 물품이 들어 있는 선반을 들어 올려 옮길 수 있는 진공청소기 크기의 오렌지색 카트일 뿐이다. 상품으로 가득 찬 130킬로그램에 달하는 선반을 포장 구역으로 운송하면, 사람이 선반에서 물품을 꺼내어 고객이 주문한 배송 상자를 준비한다. 물류 창고 직원이 통로를 쫓아다닐 필요가 없다. 중앙 컴퓨터는 고객의 주문서에 포함된 물품 목록에 기초하여 최적의 운반 노선을 지속적으로 계산해서 개별 키바에게 지시를 내린다. 여러 대의 키바는 계획에 따라 보관 구역과 포장 구역 사이를 줄 맞춰 오가며 물품 선반을 실어 나른다. 아마존은 이런 방식으로 직원 한 사람이 시간당 두세 배 많은 배송물을 준비할 수 있다고 믿는다. 아마존은 이 스마트 웨어하우스Smart Warehouse 기술이 가져올 변화를 중시해 로봇 개발사인 키바 시스템을 2012년에 1조 원에 가까운 돈을 들여 인수했다.

영국계 호주 광산기업 리오 틴토Rio Tinto가 소유하고 있는 호주와 칠레의 석탄 광산에서는 일본 고마쓰Komatsu 사와 미국 중장비 제조사 캐터필러Catapillar가 제작한 자율주행 덤프트럭이 아마존 물류 창고에서 키바가 하는 역할을 더 큰 스케일로 수행한다. 30톤이 넘는 집채만 한 크기의 트럭이 자율주행으로 굴착기가 있는 곳까지 운전해 가서 채취한 광물이 가득 실리기를 기다렸다가 분쇄기나 다른 곳으로 보내기 위한 적재 구역까지 자동으로 운반한다.

리오 틴토에 따르면 로봇 트럭 시스템을 운영하면 사람이 트럭을 운전하는 방식에 비해 비용이 약 15퍼센트 절감된다. 광업 분야의 로봇 트럭 활용은, 몇 사람의 감독 아래 디지털 지능으로 제어되는 스마트 팩토리smart factory처럼, 완전 자동화 광산으로 가는 과정의 첫걸음이다. 스마트 마이닝smart mining이라고도 불리는 광산의 자동화는 특히 동일한 작업이 지속적으로 반복되면서도 규격화될 수 있는 광산에서 빠르게 진행된다. 그러나 작업 과정이 훨씬 더 복잡한 건설 분야에서도 점점 더 많은 가상물리 시스템과 로봇이 보급되어 놀라울 정도로 효율을 높이고 있다.

만약 기존 측량팀이 축구장 25개 정도 크기의 건설 현장을 조사한다면 약 일주일이 필요하다. 반면에 독일의 특수 드론 제조업체 아이보틱스Aibotix의 측량 드론은 완전 자동비행으로 8분 만에 작업을 완료했다. 드론은 전통적인 측량 도구를 사용하는 사람보다 사전에 프로그래밍된 비행을 통해 훨씬 정밀한 측량을 수행할 수 있다.

호주의 건설 로봇 '하드리안Hadrian'은 인간 벽돌공보다 훨씬 빠르고 정확하게 작업한다. 27미터나 되는 로봇팔로 이틀이면 가정주택 한 채의 골격을 완성할 수 있다. 정확한 양의 회반죽을 사용하면서 아이들 방의 벽이 어디서 시작하고 주방이 어디서 끝나는지 정보가 담긴 삼차원 설계도에 따라 0.5밀리미터 이내의 오차로 벽돌을 차곡차곡 쌓는다. 집이 완성되고 사람이 살기 시작하면, 이번에는 스마트 홈 시스템이 생활에 필요한 에너지 사용을 30~50퍼센트 줄일 수 있다. 아직은 스마트 홈 시스템의 사용자 편의성이 썩 좋지는 않아서 기술 확산의 속도가 생각보다 느리지만, 그 개념은 분명히 작동하고 있다. 지능형 주택은 누군가 실내에 있으면 센서를 통해 감지하여 필요에 따라 조명과 냉난방을 조절한다. 정말 똑똑한 집은 기상예보를 주기적으로 확인하고, 단열 설계가 잘된 집의 벽, 바닥, 천장을 통해 얼마나 오래 보온될지 계산한다. 이 시스템은 날씨가 곧 따뜻해질 것으로 예측되면 난방을 일찍 끈다.

　지능 로봇의 도입은 특히 농작물 재배와 축산 같은 농업 분야에서 진전을 이루고 있다. '농업4.0'과 '정밀농업' 같은 용어들이 새로운 기술에 친화적인 농부들의 관심을 끌고 있다. 고해상도 카메라와 인공지능 자동 영상분석 기능을 갖춘 드론이 비료가 필요한 곳이나 해충이 생긴 곳을 찾아내는 데 중요한 역할을 한다. 프랑스 부르군디Burgundy에서는 두 개의 팔을 가진 포도 재배 로봇 '월예Wall-Ye'가 하루 최대 600개의 포도 덩굴을 가지치기하고, 이 과정에서 포도나무의 건강에 관한 데이터를 확보하여 기록한다. 농업 로봇들이 캘리포니아에서 상추를 따고, 스페인에서 딸기를 수확하며, 독일에서는 활짝 핀 사과 꽃을 솎아내서 더 많은 과일을 생산하게 한다. 미국 중서부의 광대한 밀밭에서는 자동 유도 시스템이 최대 5센티미터 오차 안에서 움직이도록 트랙터와 복합추수기를 조종하고, 중장비 작업이 어려운 곳에서는 무게가 몇 킬로그램밖에 안 되는 게처럼 생긴 로봇이 구덩이 위치를 정확히 확인하여 묘목을 심는다.

　사료 공급기가 자동화되어 사용된 지는 벌써 오래되었지만, 차세대 사료 공급기는 센서 데이터를 활용하여 최적량의 사료를 스스로 결정한다. 착유 로봇은 우유를 효율적이고 위생적으로 짤 수 있을 뿐 아니라, 젖소의 스트레스를 줄여 생산되는 우유의 양과 품질을 향상시킨다. 또한 소의 건강 상태를 살피다가 만약 수의사를 불러야 할 상황이 되면 즉시 농부에게 알릴 수 있다. 기계가 점점 더 동물 친화적이 되어가고 있다.

## 로봇 동료

미국의 미래학자 마틴 포드Martin Ford는 현재 일어나고 있는 급격한 자동화의 진행을 '로봇의 부흥the Rise of the Robots'이라고 표현했는데, 이는 인간과 기계의 상호작용이 끊임없이 발전해온 덕분이다. 하지만 이는 인간이 기계를 더 능숙하게 다루게 되었다기보다는, 로봇과 가상물리시스템이 인간과 어떻게 상호작용해야 하는지를 빠르게 배워왔기 때문이다. 로봇은 점차 좋은 동료처럼 가까이에서 인간을 돕는 코봇Cobot(협동로봇)으로 변화하고 있다.

로봇을 일터에서 활용하기 시작한 것은 제조업 공장이었고, 이미 오랫동안 로봇을 성공적으로 활용해왔다. 잘 알려진 대로 자동차와 전자 산업이 대표적이다. 1960년대에 시작된 최초의 자동화 물결 이후, 로봇은 노동을 엄격한 분업 체계로 나누었다. 로봇은 안전바와 광전자 차폐벽 뒤에서 용접 작업을 하거나 초인간적인 힘으로 망치질을 했고, 공장의 다른 구역에서는 인간이 더 복잡하고 섬세한 작업을 처리했다. 만약 프레스 작업 중에 금속 판재가 미끄러지든가 해서 인간이 로봇에게 다가갈 일이 생기면, 로봇은 반드시 작업을 멈추어야 했다. 막강한 물리적 힘을 가진 기계에 접근하는 것은 너무나 위험한 일이었다.

최근 몇 년 동안 기계는 갇혀 있던 우리 밖으로 빠져나오기 시작했다. 이전보다 더 작고 가벼워진 데다 부드러워지고 있다. 중국계 독일 회사인 쿠카Kuka가 제작한 무게 25킬로그램의 로봇팔 엘비알 이바LBR iiwa는 하노버 산업기술 박람회에서 목마른 방문객들에게 시원한 맥주를 따라주었다. 이 바텐더 로봇은 유리컵을 씻고, 병뚜껑을 따고, 맥주병을 흔들어 이스트를 녹였으며, 병에 남은 맥주를 마지막까지 따라 컵에 완벽한 왕관 모양의 거품을 만들었다. 방문객을 로봇팔로부터 특별히 보호할 필요도 없었다. 사람이 닿으면 로봇팔은 즉시 뒤로 물러섰다. 로봇의 정교해진 기능과 솜씨에 인간과의 안전한 상호작용이 더해져 실질적인 변화를 만들어낸다.

코봇은 '사회적'이다. 특정 활동에서 사람을 돕도록 프로그래밍되었을 뿐 아니라, 사람을 위험에 빠뜨리지 않도록 세심한 주의를 기울인다. 그렇기 때문에 코봇은 사람과 함께 배치되어 작업할 수 있으며, 인간 전문가와 손발을 맞추어 협력해서 일한다. 미국 사우스캐롤라이나에 있는 BMW 공장에서는 '미스 샬

럿Miss Charlotte'이라는 별명을 가진 코봇이 동료 작업자가 차량 문짝에 흡음재 넣는 일을 돕고 있다. 또 다른 공장들에서는 바퀴가 장착되어 이동이 가능한 로봇팔이 무거운 부품을 들어 올려 주거나, 높은 곳의 나사를 조인다.

인간과 기계가 진정한 동료가 되려면 서로를 이해해야만 한다. 많은 코봇이 사람의 몸짓에 반응한다. 손을 흔들어 부르기만 해도 코봇은 어디로 가야 할지 알아챈다. 미국 보스턴에 있는 리싱크 로보틱스Rethink Robotics 사의 코봇 소여Sawyer와 백스터Baxter는 사람이 시범을 보여주는 대로 작업의 동작 순서를 배운다. 사용자는 로봇에게 어떻게 움직여야 하는지 가르치기 위해 프로그래밍을 할 필요가 없다. 소통의 반대 방향으로도, 즉 기계로부터 인간에게도, 비언어적 의사 표현이 보내진다. 소여와 백스터의 머리 높이쯤에 장착된 모니터에는 만화처럼 표현된 눈과 표정이 표시된다. 기계가 특정한 방향으로 움직이기 전에 마치 사람이 그러듯이 그 방향을 미리 쳐다봄으로써, 주변 사람들이 직관적으로 로봇의 의도를 알아채도록 한다. 이렇게 산업용 로봇이 인간을 닮아가는 것은 사람들이 로봇을 정서적으로 더 쉽게 받아들이도록 하는 부대 효과가 있다. 이는 사람과 기계의 효과적인 협력 관계에 가장 중요한 전제 조건이 된다. 이 사실을 인식한 개발자들은 로봇이 인간의 감정에 적절하게 반응할 수 있도록 가르치고 있다.

## 감정을 읽는 로봇

'페퍼Pepper'는 커다랗고 동그란 눈을 가진 휴머노이드 로봇이며 키는 120센티미터 정도에 바퀴로 이동한다. 손에는 다섯 개의 손가락이 있고 가슴에는 터치스크린tablet이 있다. 페퍼는 프랑스의 알데바란 로보틱스Aldebaran Robotics 사가 개발했는데, 이 회사는 2012년 일본 디지털 및 통신 대기업 소프트뱅크에 합병되었다.

페퍼는 대화 상대의 표정, 몸짓, 억양을 분석해서 그 사람이 어떤 감정을 느끼고 있는지를 알아낸다는 점에서 특별하다. 상대방이 슬퍼 보이면 페퍼는 그를 위로하기 위해 때로는 춤을 추기도 한다. 스마트 스피커 알렉사나 구글 홈Google Home처럼 페퍼는 대화 능력이 상당하다. 대화의 주제가 명확하게 정해질수록 더 훌륭한 대답을 할 수 있다.

페퍼는 소프트뱅크 매장에서 스마트폰을 고르는 고객을 돕고, 프랑스 국유철도 SNCF에서 여행객에게 열차 시간을 안내한다. 크루즈 유람선에서는 가이드 역할을 하며 손님들에게 유람선 여행에 대한 팁과 목적지에 대한 짧은 강의를 제공한다. 물론 이 휴머노이드 로봇은 상대의 질문에 더 만족스러운 답을 주려고 끊임없이 인터넷에 접속하여 검색한다. 알데바란 로보틱스는 IBM 왓슨과 상호협력 계약을 체결하여 다양한 인공지능 앱을 페퍼의 귀엽고 장난스러운 로봇 인터페이스를 통해 활용할 수 있도록 했다. 이는 학교에서도 페퍼를 적극적으로 활용할 수 있도록 돕고자 의도한 것이다. 페퍼는 아이들과 함께 수학 문제 풀이 연습을 하고, 스페인어 단어 퀴즈를 풀고, 서예를 가르치는 데 도움을 줄 수 있다. 학교 같은 환경에서라면 페퍼는 인내심이 있고 동기 부여를 잘하는 모습으로 자신을 나타낼 것이다. 그리고 시스템이 학생들의 학습 촉진에 도움이 된다고 판단하면 공감하는 모습 혹은 엄격한 모습으로 나타날 수도 있다. 그러나 공감하는 로봇이라는 개념에는 짚어봐야 할 중요한 문제가 있다.

'공감하는 척'하는 것은 공감하는 것이 아니다. 일본의 양로원과 요양원에는 각종 직립 보행 로봇들과 솜털이 복슬복슬한 물개 모양의 로봇 '파로Paro' 같은 다양한 비-휴머노이드 로봇이 많다. 로봇 파로는 기계를 무릎에 앉혀놓고도 반려동물인 줄 아는 치매 환자들을 도와 스트레스를 줄여주고 우정을 나눈다. 이런 방식으로 인류는 치매 노인을 돌보는 수고를 덜게 될 것인가? 로봇 장갑이나 외골격 로봇이 거동이 불편한 사람의 활동 범위를 넓혀준다면, 그런 기술 개발을 반기지 않을 사람은 없을 것이다. 그러나 로봇에게 인간이 느끼는 감정을 인지해서 '감정을 가진 척' 반응해야 하는 임무를 맡기려 한다면, 그 한계는 어디에 두어야 할까? 만약 아이들의 학습 향상에 도움이 된다면, 인간 교사를 배제한 교육을 어디까지 허용할 수 있을까? 우리가 늙고 약해지면 로봇에게 우리의 위생을 맡길 수 있을까, 아니면 간병인에게 의지해야 할까? 기계 앞에서 부끄러워할 필요는 없지만, 과연 편안할까? 이런 질문은 이제 가설 속의 고민이 아니다.

## 실리콘 복제인간

인간의 행동이 똑같더라도 문화가 다르면 페퍼의 반응도 달라진다. 페퍼는 일본에서는 예의 바르고 과묵한 태도로, 미국에서는 격의 없는 친구처럼 친근하게 반응한다. 이는 분명 영리한 방식이고, 해로울 것은 없다. 그러나 만약 우리가 진짜 감정을 가진 인간과 '감정을 가진 척' 행동하는 휴머노이드를 구별할 수 없게 된다면 어떻게 될까? 일본의 로봇 개발자 이시구로 히로시는 겉모습마저 믿을 수 없을 만큼 사실적인 실리콘 재질의 인간 형상 로봇을 만들고 있다. 이시구로는 로봇의 인간화를 로봇과 인간의 진정한 협력을 위한 필수 전제 조건으로 본다. 성형수술을 받은 그는 늙지 않는 그의 실리콘 복제 로봇과 쌍둥이처럼 닮아 보인다. 이시구로와 그의 복제 로봇은 전 세계를 돌며 휴머노이드 로봇에 대해 강의하고 있다. 청중들은 강단에 서 있는 것이 실제 이시구로인지, 아니면 그를 닮은 로봇인지 추측해야 한다. 이시구로는 무엇을 하려는 것일까? 자동화를 통해 자신을 지우는 과정에 있는 것인가? 분명 아니다. 그에게 로봇은 사업이다.

잔디 깎기 로봇이나 유리창 닦기 로봇은 헤어드라이어나 식기세척기처럼 우리 삶을 더 편하게 만들 것이다. 지난 몇 년 동안 산업용 로봇의 판매 실적은 우수했으며, 향후 몇 년 동안의 예측은 환상적이다. 영국 투자은행 바클레이Barclays는 2016년부터 2020년까지 코봇의 수가 열 배 이상 늘어날 것으로 기대했

다. 이는 새 로봇이 기존 로봇을 대체하는 것이 아니라 사용 중인 로봇은 유지하면서 새로 추가되는 것을 의미하기 때문에, 산업 현장에서 로봇의 활용은 빠르게 증가할 것이다.

　미국의 대표적인 경제연구기관 중 하나인 NBERNational Bureau of Economic Research은 새로운 산업용 로봇 한 대가 5.6명에 해당하는 사람의 일자리를 자동화한다고 계산했다. 세계 최대의 자동차 제조업체인 폭스바겐은 동일 생산성을 기준으로 로봇은 시간당 약 4천 원에서 8천 원, 전문직 직원은 시간당 약 7만 2천 원의 비용이 든다고 계산했다. 이는 주목하지 않을 수 없는 수치이다. 미국 싱크 탱크 연구기관 퓨 리서치 센터Pew Research Center가 실시한 조사에서, 미국인 72퍼센트가 로봇과 컴퓨터가 인간 업무를 상당 부분 대신할 수 있는 미래에 대해 다소 또는 매우 걱정하는 것으로 나타났다. 76퍼센트는 자동화가 경제적 불평등을 더 악화시킬까 우려하고 있으며, 75퍼센트는 자동화로 일자리가 사라진 사람들을 위한 새로운 고임금 일자리 창출은 쉽지 않을 것이라고 예상한다. 유럽인 중 60퍼센트가 어린이와 노인·장애인을 돌보는 로봇 사용을 금지하는 데 찬성하고 있지만, 동시에 70퍼센트는 기계 도우미에 대해 기본적으로 긍정적인 태도를 보이고 있다. 이 조사와 더불어 다른 여러 조사의 결과를 보면, 인간과 인공지능의 관계는 아직 정서적 측면에서 불안정하다. 기계는 이에 대비해야만 한다.

물류 창고 운송 로봇 '페치Fetch'의 개발자들은 페치가 악의적인 인간 동료로부터 자신을 방어하도록 가르쳤다. 만약 기계에 대한 분노가 폭발해서 작업장의 인간 동료가 로봇을 밀거나 당기면, 전기 모터를 강하게 작동해서 가파른 계단 밑으로 밀리지 않도록 버틴다. 일본 로봇 제조업체 화낙Fanuc의 공장에서는 로봇과 인간의 사회적 상호작용을 통해 그러한 공격이 일어나지 않도록 사전에 방지하려 하고 있다. 로봇은 매일 아침 진행되는 단체 맨손체조에 인간 동료들과 함께 열정적으로 참여하고 있는데, 음악에 맞춰 인간과 기계가 모두 어깨를 돌리고 팔을 흔든다. 일본 노인들의 집에서 로봇은 체조를 가르치는 강사가 된다. 고령화 사회에는 헬스 트레이너가 충분치 않을 것이기 때문이다.

# 감성을 가진 인공지능과
# 코로나19 이후 사회

2020년 봄 '코로나19' 감염병 대유행이 전 지구를 덮쳤다. 사람들은 인류 사회가 코로나19를 기점으로 완전히 바뀌고 있다고 생각한다. 코로나19에 대한 인류의 대응에 있어 인공지능은 병의 진단, 접촉자 파악, 신약과 백신의 개발 등에 기여했지만, 한 번도 겪어보지 않은 새로운 인류 사회에서 인공지능의 역할은 더욱 중요할 것으로 예상된다.

코로나19를 일으키는 신종 코로나바이러스는 감염자가 증상이 없을 때도 다른 사람들에게 강한 전염력을 가지고 있다는 점에서 특이하다. 즉, 누구나 자신도 모르는 사이에 다른 사람을 감염시킬 수 있다. 따라서 효과적이고 부작용이 적은 치료약이나 안전한 백신이 나오기 전까지는, 사람과 사람 사이에 물리적 장벽을 세우는 것이 거의 유일한 대처 방법이다. 한 사람의 확진자로 인해 전 직원이 격리되어 회사 업무 전체가 마비되는 것을 피하기 위해 재택근무나 교대근무가 시도되기도 한다. 당연히 사람이 모이는 회의는 가급적 줄이고, 네트워크를 통한 화상회의로 대체하고 있다. 이미 시작된 이 새로운 업무 방식은 오랫동안 혹은 영원히 인류 사회에 남을 것이다.

이 새로운 사회로 가는 길에는 넘어야 할 장애가 있다. 인간은 '사회적

동물'이고, 다른 인간과의 상호작용을 원한다. 이런 상호작용이 배제된 무인도나 독방이 주는 위험성, 또는 격리 생활을 오래 한 사람들이 느끼는 정서 불안이 이를 증명한다. 상대방의 마음을 읽을 수 없는 네트워크 회의에서 실제 사람들이 모이는 회의와 같은 업무 효율을 보이려면 더 많은 준비가 필요하다는 사실도 널리 알려져 있다. 대면하지 않으면서도 사람 사이의 정서적 상호작용을 유지할 수 있다면, 생산성 향상은 물론 직업 만족도 증진과 스트레스 관리, 그리고 일과 업무의 균형을 이루게 될 것이다. 이는 인류가 새로운 사회로 가는 장애를 쉽게 극복하고, 코로나19 이후에 또 다른 번영을 맞을 수 있는 전제 조건이다.

인공지능은 사람의 일을 일부 대신할 수 있으며, 감염병 바이러스에 감염되지도 않는다. 따라서 멀리 떨어진 사람들을 대신하여 인공지능 아바타가 상호작용을 하고, 그 정서적 교감이 사람에게 공유되는 새로운 인류 사회가 예상된다. 감성을 가진 인공지능 대화 에이전트가 이 아바타의 역할을 할 것이다. 2018년 구글 어시스턴트의 확장인 듀플렉스Duplex는 사용자를 대신해 전화로 미용실 예약을 할 수 있음을 보여주었다. 그러나 질문에 답하고, 명령을 수행하는 수준에 멈추고 있다. 이를 넘어서기 위해 전 세계 연구자들이 사람과의 정서적 상호작용이 가능한 인공지능 대화 에이전트를 활발히 개발하고 있다.

한국에서도 정부의 인공지능 플래그십 과제의 하나로 '감성을 가진 디지털 동반자'가 2016년 말부터 연구되고 있다. 인공지능 에이전트가 스마트폰 앱 영상통화의 상대가 된다. 이 인공지능 에이전트는 사람의 영상과 음성 그리고 대화 내용을 종합적으로 활용하여, 누가 어떤 감정과 의도로 대화하고 있는지 파악한다. 그 사람의 과거 대화로부터 유추된 성향과 개인 경험을 고려하여 적절한 응답을 생성한 후, 그 사람을 모사한 감정을 나타낼 수 있는 음성과 얼굴로 이를 표현한다. 이 인공지능 에이전트는 자체로도 특정한 성향과 경험을 가질 수 있도록 발전하고 있다. 예를 들어 누구나 대화하면 즐거워지는 쾌활한 에이전트, 부모님처럼 엄격하면서도 자상한 에이전트도 가능하다. 사람들은 자신의 아바타 또는 자신을 자기보다 더 잘 이해하고 개인적 교감을 유지하는 동반자를 원한다. 언제 어디서나 외로울 때면 영상통화로 마음을 터놓을 수 있는 상대, 혼자 사는 고령자를 돌보며 말동무가 되어주는 실버봇, 반려동물같이 정을 주고받을 수 있는 펫봇을 기대한다.

코로나19 이후, 많은 대학과 학원에서 비대면 교육이 이루어지고 있지만, 수강생이 많을 경우 교사와 학생 사이의 상호작용이 원활하지 못해 교육의 집중도가 떨어지고 있다. 개별 학생의 마음과 학습 진도까지 이해할 수 있는 인공지능 교사가 양방향 대화 형식으로 개인 맞춤형 교육을 풀어간다면 교육의 효과가 높아질 것이다. 모든 학생에게 개인 가정교사가 있는 것과 같다.

세계적인 유행병으로부터 의료 전문가를 지키는 것도 매우 중요하다. 특히 병원을 처음 방문하는 경우 비대면 원격진료를 하는 것이 의료전문가를 보호할 수 있으므로, 원격진료에 대한 요구가 급증하고 있다. 병원을 실제 방문하게 될 때도, 대화를 통해 환자를 문진하는 인공지능 의료도우미가 도입될 수 있다. 더 나아가, 집에서 의사의 원격진료를 받는 것처럼 인공지능 의료도우미가 간단한 심리상담이나 1차 처방을 하고 사람 의사가 이를 감독하는 시스템으로의 발전도 기대된다.

6장

# 인공지능이 미래를 장악할까?
## : 초지능과 특이점

"우리가 걱정해야 할 것은
인공지능이나 로봇의
급격한 변화가 아니라
인간 지능의 정체된 반응이다."

- 미래학자이자 창조 전략가인
안데르스 소르만 닐손Anders Sorman-Nilsson

## 초지능

디스커버리 1호의 승무원은 짜증이 난다. 목성으로 가는 길에 슈퍼컴퓨터 할9000HAL9000은 점점 신경질적으로 보인다. 이 인공지능은 안테나 모듈의 문제를 분석하면서 명백한 실수를 한다. 아니면 실수하는 척하는지도 모른다. 극저온 동면 상태에 들지 않은 두 승무원이 할을 끌까 말까 논쟁하는 것을 이 인공지능은 엿듣게 된다. 우주 비행사들은 할이 입술 모양을 읽을 수 있다는 것을 모른다. 인공지능 컴퓨터는 혼자라도 화성으로 가는 임무를 완수하기로 결정하고, 이를 위해 승무원 다섯 명을 모두 죽이기로 한다. 할은 네 명을 죽인 후 우주 비행사 데이브가 우주유영을 하는 동안 우주선을 잠가버린다. 그러나 데이브는 숙련된 기술과 기지를 발휘하여 탈출용 비상구를 통해 우주선으로 다시 들어가 기계실로 진입한다. 거기서 데이브는 컴퓨터 모듈을 하나씩 차례로 꺼나간다. 결국 인공지능 할은 〈데이지 벨 Daisy Bell〉이라는 노래를 웅얼거리다가 작동을 멈춘다.

이 이야기는 공상과학소설가 아서 클라크Arthur Clarke의 단편소설을 기반으로 한 스탠리 큐브릭Stanley Kubrick의 1968년 영화

〈2001: 스페이스 오디세이〉에 나온다. 악의적 컴퓨터에 관한 이야기는 인간이 자신을 섬기도록 인공 조력자를 만들지만 학습하는 법을 배운 피조물이 어느새 인간을 능가하게 되며 결국 자신의 관심사를 발견하고 스스로 목표를 설정한다는 오래된 신화의 전형을 기반으로 한다. 빅터 프랑켄슈타인은 과학의 힘을 보여주기 위해 괴물을 만들지만, 괴물은 끝내 적이 된다. 영화 〈터미네이터〉에서 컴퓨터 시스템 스카이넷Skynet은 핵전쟁을 일으킨다.

옥스퍼드 대학의 철학 교수 닉 보스트롬은 베스트셀러 《초지능Superintelligence》에서 프랑켄슈타인 신화의 개정판 같은 이야기를 풀어놓았다. 그러나 이 책은 소설이 아니다. 보스트롬은 이 책에서 인공지능이 인류의 인지 능력을 능가할 때 어떻게 인간의 통제로부터 벗어나 독립하게 될지에 대한 다양한 시나리오를 제시했다. 이 중 가장 긍정적인 시나리오는 인공지능의 독립이 수십 년 혹은 수백 년에 걸쳐 천천히 이루어져, 인류가 사회적으로나 문화적으로 이 새로운 지능 종족에 적응할 기회를 갖게 되는 것이다.

그러나 보스트롬은 '지능 대폭발'의 시나리오가 훨씬 가능성이 크다고 생각했다. 기계가 사람보다 똑똑해지는 순간 급격한 지능 폭발이 시작되고, 몇 달 혹은 몇 분 만에 더욱 지능적인 버전의 자신을 다시 만들어낼 수 있다. 피드백 학습을 통한 선순환은 지능의 기하급수적인 성장으로 이어질 것이며, 그 때문에 이 철학자는 결국 첫 번째로 개발된 시스템을 후발 주자가 절대로 따라잡지 못할 것으로 생각했다. 이 '먼저 움직이는 자의 장점'을 차지한 시스템이 "오직 하나가 최고 수준의 의사결정을 하는 세계 질서"를 가져올 단독자singleton가 될 수 있다. 보스트롬은 초지능 시스템이 사람의 간섭으로부터 자신을 방어하는 방법을 알고 있을 가능성이 크다고 생각했다. 발명가이자 구글 연구원이면서 싱귤래리티 대학Singularity University의 설립자인 레이 커즈와일과는 달리, 보스트롬은 이 단독 결정자가 인류를 위해 우리 자신보다 인간사를 더 잘 관장할 것이라는 희망을 갖지 않았다. 그는 "인간의 사고 과정이 바퀴벌레와 다르듯이" 초지능 기계의 사고 과정이 인간과 다르다고 믿는다. 보스트롬의 시나리오에서는 초지능이 인류에게 적대적으로 등을 돌리지 않더라도, 단지 별 관련이 없다는 이유만으로 충분히 인류의 생존을 위협할 수 있다.

　보스트롬의 가상 공포영화 같은 예측은 때때로 난해하지만, 지능기계에 대해 잘 알고 있는 사람들은 그의 핵심 메시지에 공감한다. 자아 인식 능력을 가진 휴머노이드를 만들었던 토니 프레스콧Tony Prescott은 기술 개발의 위험성을 한번 미끄러지면 멈출 수 없는 비탈에 비유해 경고했다. 겉보기에 아주 작은 기술의 진보라도 일단 시작되면 예측할 수 없고 막을 수도 없는 파국의 결과를 만들 수 있다. 마이크로소프트의 창립자이자 박애주의 자인 빌 게이츠는 사람들에게 보스트롬의 책을 읽고 '인공지능을 통제하는 문제'에 대해 생각해보라고 권했다. 테슬라 설립자인 엘론 머스크Elon Musk는 인공지능이 "핵무기보다 훨씬 위험하다"고 생각한다. 머스크는 스타트업 인큐베이터인 와이컴비네이터 Y Combinator의 샘 올트먼Sam Altman과 함께 10억 달러의 자금을 지원하여 비영리 기관인 오픈AI를 설립하고, 이를 통해 인공지능을 공개 소프트웨어로 배포하여 인공지능의 오용을 줄이고자 했다.

## 특이점과 초인류주의[1]

대다수의 인공지능 연구자와 개발자는 보스트롬의 책에서 불필요한 우려와 자기 홍보의 영리한 결합을 발견한다. 반면, 임박한 특이점Singularity에 대한 커즈와일의 주장은 과학적으로나 기술적으로 근거가 부족하다고 생각한다. 커즈와일은 2045년까지

---

1) 초인류주의(transhumanism)는 인간의 정신과 육체의 한계를 과학기술로 뛰어넘자는 생각을 말한다.

컴퓨터가 거의 모든 능력에서 인간을 뛰어넘을 것이며, 이때(특이점)부터 세계 역사는 초인류주의 단계로 들어갈 것이라고 가정하고, 인간은 신과 같은 지능을 창조했다는 찬사를 얻을 것이라고 주장한다. 학계는 기본적으로 과학자들이 인공지능 시스템을 통제하는 문제에 계속 관심을 기울여야 한다고 생각하지만, 인류 절멸에 대한 공상이나, 기술이 종교처럼 인류를 구원할 것이라는 기대에 동의하지 않는다. 학자들은 종말론자와 이상주의자 모두 약인공지능[2]의 개발과 어려움에 대한 이해 부족 때문에 강인공지능에 대한 낡은 환상에 계속 빠져들고 있다고 비난한다. 사실 공포에 사로잡혀 호들갑을 떨 것이 아니라 좀 더 냉정하고 차분해져야 할 이유는 충분하다.

현재로서는 지능 대폭발을 가능하게 할 확실한 기술 개발 방안은 없다. 이를 위한 기술적인 전제 조건은 컴퓨터 칩의 소형화가 계속되면서 계산 성능이 기하급수적으로 증가하는 것이다. 그러나 집적회로의 컴퓨팅 성능이 1~2년마다 두 배로 증가한다는 유명한 '무어의 법칙'은 물리적 한계를 고려하지 않았다. 이미 회로의 전자 전도 경로는 원자 몇 개 정도 두께로 좁아져 있다. 조

---

2) 인공지능을 특정한 기능만을 수행하는 약인공지능과 인간 두뇌에 근접하는 다양한 기능을 포괄하는 강인공지능으로 나누기도 한다.

금 더 좁게 만들 수도 있겠지만, 어느 시점에서 양자역학의 법칙이 영향을 주게 되어 전자 전도 경로 사이에 혼선이 생기게 된다.

파블로 피카소는 컴퓨터에 대해 기지가 넘치는 말을 남겼다. "컴퓨터는 쓸모없다. 그저 당신에게 답을 줄 수 있을 뿐이다." 인공지능의 발전에도 불구하고 신경과학자들은 파블로 피카소의 이 말이 여전히 타당하다고 생각한다. 컴퓨터는 잘 정의된 문제를 계산 법칙에 따라 매우 빨리 풀 수 있지만, 알려지지 않은 문제를 찾지는 못한다. 엄청난 양의 데이터에서 패턴을 인식하지만, 데이터가 없으면 방향 감각을 모두 잃고 만다. 이러한 맥락에서 중요한 질문은 컴퓨터가 비판적 사고능력을 가진 인간처럼 법칙 자체를 의심할 수 있는가, 그래서 자신을 의심할 수 있는가이다. 인간이 수천 년 동안 해왔던 일이지만, 강인공지능이 끊임없이 자신을 재창조하려면 이 능력을 가져야만 할 것이다. 과연 기계가 실제로 새로운 것을 창조할 수 있을까? 인공 창의성에 관련된 기초적인 시도들이 있었지만, 사실 기계는 잘 알려진 문제에 대한 답을 찾기 위해 주사위를 던지고, 그 답이 괜찮아 보이는지 인간에게 물을 수 있을 뿐이다. 이런 관점에서, 인간이 문제를 정의해주지 않더라도 기계가 진정으로 혁신할 능력을 가졌는지 증명하는 것은 현재 연구 수준에서 쉽지 않다.

논리학자이자 철학자인 율리안 니다뤼멜린Julian Nida-Rümelin

은 기계지능이 가진 한계가 괴델의 불완전성 이론에 의해 설명된다고 생각한다. 우리는 많은 문제가 논리적으로 풀리지 않고, 공리로부터 유도된 모든 진술에는 조건이 따른다는 것을 수학적으로 증명할 수 있다. 이는 참인지 거짓인지 알 수 없는 진술과 문제가 항상 존재함을 의미한다. 따라서 수학적으로 문제를 해결하는 기계는 이러한 논리적 한계를 넘어설 수 없다.

사회문제에 적극적인 인공지능 연구자 앤드루 응은 통제 불능의 초지능에 대한 회의적 생각을 엘론 머스크의 화성 식민지 계획에 빗대어 그 핵심을 명확히 했다. "나는 오늘 인공지능이 사악해지는 것을 막기 위해 노력하지 않는다. 그 이유는 현재 화성의 인구 과잉 문제에 대해 걱정하지 않는 것과 같다." 그러나 나중에 후회하기보다는 안전하게 가는 것이 좋다. 구글의 인공지능 부서인 딥마인드는 시스템이 스스로 통제를 벗어나 미끄러운 비탈에 근접하지 않도록 하는 내장 회로차단기의 개념을 연구하고 있다.

수백 년 후에 컴퓨터가 어떤 일을 할 수 있을지는 아무도 모른다. 그러나 초지능이 인류의 종말을 가져올 것이라는 가설에 기초한 엄포는 원치 않는 부작용을 초래할 수 있다. 그 부작용이란 우리의 관심을 약인공지능이 빠르게 발전함으로써 수반되는 실제 위험에서 벗어나게 한다는 것이다. 인공지능에 대한 가장 중요한 위험은 1) 데이터의 독점, 2) 개인에 대한 조작, 그리고 3) 정부에 의한 오용이라는 세 가지로 분류될 수 있다.


## 경쟁과 데이터 독점

카를 마르크스 이후, 자본주의에서 시장 집중 경향이 나타난다는 사실이 알려졌다. 산업화 시대에 규모의 경제는 큰 기업이 더 커지도록 도왔다. 헨리 포드가 그 방법을 잘 보여주었다. 모델 T의 생산을 늘릴수록 차량을 싸게 판매할 수 있었고, 품질은 높이면서 가격을 낮출수록 포드의 시장 점유율이 더 빠르게 상승했다. 대량 생산 시대에 성공적인 회사들은 규모를 더 키우고 동시에 경쟁을 줄이기 위해 기꺼이 경쟁사를 사들였다. 그러나 20세기의 정부는 (그들이 원한다면) 독점을 막을 수 있는 독점 금지법 같은 효과적인 도구를 가졌다. 1990년대 디지털 붐 이후 도래한 지식 정보의 시대에 네트워크 효과는 점점 더 영향력이 커지고 있다. 디지털 서비스에 참여한 고객이 많을수록 더 커진 네트워크 효과로 인해 서비스의 유용성이 향상되고, 이는 다시 고객의 증가로 이어진다. 디지털 플랫폼 운영사는 서부 시대 철도 업자나 자동차 제조업체, 인스턴트 피자 회사가 오직 꿈꿔보기만 했던 시장 점유율을 달성하는 데 성공했다. 지난 20년 동안 마이크로소프트, 애플, 아마존, 구글, 페이스북 같은 슈퍼스타 기업은 서방 디지털 시장에서 소수 독과점 구조를 만들었다. 러시아에서는 얀덱스Yandex가 디지털 시장을 대부분 지배하고, 중국에서는 텐센트Tencent, 바이두Baidu와 알리바바Alibaba가 정부의 지원으로 사실상 시장을 독점한다. 미국과 유럽의 독점금지법은 이에 대해 무기력한 것으로 드러났다.

이미 문제가 크지만, 피드백 데이터로부터 학습하는 기계가 디지털 서비스 가치 창출에 점점 더 기여하게 되면, 이러한 상황은 시장에서 경쟁이 유지되는 데 매우 큰 위협이 될 것이다. 인공지능이 내장된 제품과 서비스가 더 많은 사람에 의해 더 자주 사용될수록 시장에서 점유율이 높아지고 경쟁사들이 따라잡을 수 없는 격차를 만들기 때문에, 인공지능이 독점 형성을 심화하게 된다. 어떤 의미에서 혁신은 제품 자체나 사업의 과정에 포함되기 때문에, 시장의 신규 진출자가 혁신적인 기술을 가졌더라도 아주 예외적인 경우를 제외하면 인공지능이 주도하는 경제에서 선두 주자에게 대항할 기회를 얻지 못할 것이다.

경쟁이 없으면 장기적으로 시장경제는 성공할 수 없다. 경쟁을 없애는 것은 시장경제 자체를 제거하는 것과 같다. 이런 이유로 필자는 옥스퍼드 교수 빅토어 마이어 쇤베르거Viktor Mayer-

Schönberger와 함께 쓴《데이터 자본주의: 폭발하는 데이터는 자본주의를 어떻게 재발명하는가》에서 데이터 경제의 대기업에 대한 점진적인 데이터 공유 명령을 도입할 것을 촉구했다. 디지털 기업이 특정 시장 점유율을 초과하면, 개인정보 보호 규정을 준수하여 익명화된 형태로 데이터 중 일부를 경쟁 업체와 공유해야 한다. 데이터는 인공지능의 원료이다. 이 원자재에 대한 광범위한 접근을 보장해야만 회사 간 경쟁이 가능하고 인공지능의 장기적인 다양성이 보장될 것이다. 인공지능 시대의 두 번째 위험인 개인에 대한 조작, 즉 개인을 상대로 인공지능 시스템을 사용하여 조작을 통해 부적절하게 이득을 얻는 문제를 극복하는 데는 '경쟁'과 '다양성'이 전제 조건이다. 따라서 데이터의 독점 문제를 해결하는 것은 이중으로 중요하다.

## 인공지능 에이전트는 누구를 위해 일하나?

몇 년 안에 우리는 데이터로부터 학습하는 디지털 도우미에게 일상의 많은 결정을 맡길 것이다. 이런 시스템은 우리의 소비 패턴을 알기 때문에, 정확히 필요할 때마다 화장지와 포도주를 주문할 것이다. 가상비서는 출장 일정을 조정하고 여정에 따라 필요한 것을 준비하여 우리가 한 번의 클릭만으로 모든 예약을 마치도록 할 것이다. 외로운 사람에게는 인공지능이 현재 데이트 알선 사이트에서 제안하는 사람보다 훨씬 더 매력적인 파트너를 찾아줄 것이다. 그러나 인공지능이 이 모든 경우에 실제로 최고의 제안을 하고 있다는 것을 누가 보증할 수 있을까? 어쩌면 누군가는 프리미엄 요금제를 구입하여 알고리즘의 이점을 누릴 수도 있다. 만약 우리가 3D 안경에 관심이 있다는 것을 시스템이 알고 있으면, 자율주행 택시가 전자제품 상점 앞으로 경로를 정해 지나가면서, 그 순간 광고판에 3D 안경에 대한 광고가 표시되고, "전자제품 판매점 앞에서 잠시 세워!"라고 말하기에 충분한 시간을 줄 수도 있다. 아니면, 약을 추천하기 위해 건강 앱이 거짓 경보를 발생할 수도 있을까?

간단히 말하자면, 이런 시나리오는 '가상 도우미는 누구를 위해 일하나?'라는 질문을 던진다. 오늘날 대부분의 인공지능 에이전트와 디지털 도우미는 위장한 판매자이다. 알렉사는 우리를 대신해 다양한 온라인 상점에서 최상의 거래를 추구하려는 신생 기업이 아니라, 아마존이 구축하고 운영한다. 과정이 투명하게 이루어지고 우리가 비밀리에 이용당하는 것이 아니라면 이 자체는 합법적이다. 그러나 수많은 디지털 도우미가 있는 세상에서 우리는 누가 우리를 속일지 판단하는 능력을 빠르게 잃어갈 것이다. 스마트폰이나 테이블 위의 지능형 스피커에게 조언을 구할 때, 실제로 누가 우리에게 조언하는지는 정확히 알 수 없다. 너무 편리해서 신경조차 쓰지 않게 될 테고, 심지어 많은 경우 마치 보모처럼 우리를 어린아이처럼 다루고 응석을 받아주는 기술에 대해 추가 비용을 지불할 것이다.

기계가 주도하는 사회적 '유아화'의 추세에 모든 사람이 개인적으로 어디에 경계선을 그어야 할지를 결정해야 한다. 우리는 스스로 기술에 종속되는 데 각자 책임을 져야 한다. 그러나 정부와 시장은 반드시 고객이 중립 원칙을 준수하는 다수의 인공지능 에이전트에 접근할 수 있도록 기회를 보장해야 한다. 허가제 운영을 도입하고, 부당하게 조작하거나 사기를 저지르는 인공지능 에이전트는 정부가 폐쇄해야 한다. 이를 위해서는 명백히 법의 지배를 받는, 그리고 국민을 속이기 위해 인공지능을 사용하지 않는 정부가 필요하다.


## 디지털 독재


세 번째 위험 그리고 아마도 가장 치명적인 위험은 정부와 시민 사이에 도사리고 있다. 대중 조작, 감시, 억압을 위한 정부의 인공지능 남용이 그것이다. 이는 세상을 정복하고 인류를 지배하는 초지능 컴퓨터 같은 공상과학 시나리오가 아니다. 완벽한 감시국가를 위해 현재 적용할 수 있는 기술적 가능성은 마치 조지 오웰의 《1984》 이후 정치적으로 암울한 사회를 묘사했던 많은 소설의 장면들을 합쳐놓은 것처럼 보인다.

정부는 감시 카메라에 자동 얼굴 인식 기능을 적용해, 빨간 신호에 건널목을 건넌 사람이 누구인지 모두 알고 있다. 자율 비행 드론 덕분에 감시 카메라가 길거리를 지나는 사람을 누구든 추적할 수 있다. 전자 도청에 적용된 음성 인식은 말하는 사람이 누구인지 식별할 뿐만 아니라 말하는 사람의 감정 상태까지 파악한다. 인공지능은 사진만으로 그 사람의 성적 취향을 높은 정확도로 예측할 수 있다. 소셜미디어 게시물이나 온라인 채팅에 대한 자동 텍스트 분석이 불온한 사상이나 그 전파를 실시간으로 인지할 수 있다. 스마트폰의 위치파악시스템GPS과 건강 데이터, 전자 결제와 신용 기록, 디지털화된 인사 기록, 실시간 범죄 기록은 인공지능이 시민 개개인에 대한 신뢰도를 계산하는 데 필요한 모든 정보를 제공하며, 비밀경찰이 업무를 쉽게 수행할 수 있도록 한다. 또한 권력이 막강한 정부라면 당연히 소셜-봇을 운영하여 개인별로 특화된 정치 메시지를 전파한다.

세계사에 있었던 부당한 정권을 보면 알 수 있듯이, 폭정에 디지털 도구가 반드시 필요하지는 않다. 그러나 지능기계의 시대에는 억압의 문제가 새로운 절박감으로 다가온다. 기술에 정통한 정권은 새로운 형태의 독재를 재창조하려고 한다. 인공지능 기반의 독재정치에서 압제는 제복을 입은 군인이나 경찰보다 더 감지하기 힘든 방식으로 가해진다. 데이터는 시민들을 정부가 원하는 방향으로 행동하도록 몰아갈 방법을 정부에게 알려준다.

현재 중국의 감시 당국은 시민의 선한 행동을 가산점으로 보상하는 사회성 점수 모델을 구축하고 있다. 반면 바람직하지 않은 행동을 한 경우, 예를 들어 무단횡단을 한다거나, 직장에서 이메일을 확인하며 시간을 낭비한다거나, 위챗에 정치적으로 잘못된 성향의 글을 쓰면, 점수가 깎인다. 공공 윤리를 관장하는 정부 관계자는 사기업 서버의 모든 데이터에 접근할 수 있다. 점수가 높으면 직장에서 승진하거나 은행에 신용을 쌓는 데 유리하고, 남자가 장차 장인이 될 사람에게 그의 딸과의 결혼을 허락받는 데도 유리하다. 하지만 점수가 낮으면 감시 당국의 조사를 받을 수 있고, 심지어 감옥이나 노동 수용소로 보내질 수도 있다. 이 시스템은 중국의 14억 인구 모두에게 점수를 매길 예정이다.

놀랍게도, 많은 중국인들은, 특히 정부가 제시한 정의대로 자신을 훌륭한 시민으로 생각하면서 인공지능으로부터 이익을 얻을 것이라고 기대하는 사람들은, 이 시스템이 그리 나쁘지 않다고 생각한다. 이는 권위주의적 국가관을 가진 급진 정당이 권력을 행사하고 대중 조작을 위해 인공지능에 접근할 때 일어날 사태에 대한 불길한 신호로 볼 수 있다. 러시아의 막강한 대통령 블라디미르 푸틴은 자국의 학생들에게 한 연설에서 이렇게 말했다. "미래는 인공지능에 달려 있다. 인공지능의 리더가 곧 세상의 지배자가 된다." 푸틴의 이 말은 자율 무기에 대한 유엔의 규제 노력을 미국, 러시아, 호주, 이스라엘, 한국이 막았다는 사실과 맞물려 우리를 더 불안하게 만든다.

## 새로운 기계 윤리

당분간 인공지능이 미쳐 날뛸까 봐 두려워할 필요는 없다. 하지만 나쁜 의도를 가진 사람이 인공지능을 악용하는 것은 경계해야 한다. 최근 수년 사이에 기계 윤리에 대한 논의가 새롭게 진행되어왔고, 기계에게 윤리적 행동을 프로그램으로 설정해놓을 수 있는지, 있다면 어떻게 할 수 있는지에 대해 많은 토론이 있었다. 이 논쟁은 종종 인위적인 딜레마에 빠진다. 질주하는 자율주행차 앞에 아기를 유모차에 태운 엄마와 다섯 명의 노인이 나타났다. 만약 멈추는 것이 불가능하다면, 자율주행차는 어느

쪽을 향해 방향을 틀지 결정해야 한다. 두 사람이지만 합쳐서 150년은 더 살게 될 엄마와 아기를 살릴 것인가? 아니면, 남은 수명은 전체 50년 정도지만 다섯 명의 노인을 살릴 것인가? 이와 같은 사고실험이 필요하다. 인간의 존엄은 어떤 경우에도 침해될 수 없다. 전시라면 열 명을 구하기 위해 군인 다섯 명을 희생시킨 지휘관의 결정이 용인될지 모르나, 원칙적으로 누구도 그런 선택을 할 수 없다. 그러나 실제에서는, 과속 운전을 하다가 멈추지 못하고 콘크리트 기둥이 아니라 행인들 쪽으로 차를 몰아간 운전자는 이미 판단할 수 없는 결정을 해버린 것이다. 이런

결정은 우리 일상 속에서 적지 않게 일어나고 있다.

의사결정의 자동화는 물론 여러 측면에서 윤리적인 도전이지만, 동시에 도덕적 당위가 된다. 자율주행차가 10년 이내에 교통사고 사망자를 반으로 줄일 수 있다면, 우리는 반드시 자율주행을 실현해야 한다. 암세포에 패턴 인식을 적용하여 많은 암 환자의 생명을 구할 수 있다는 것이 명백하다면, 수입이 줄어들까 우려하는 의사들의 로비 때문에 진행을 늦출 수는 없다. 인공지능 시스템이 남아메리카의 빈곤층 어린이들에게 수학을 가르친다면, 우리는 인간 수학 교사가 더 많아져야 한다고 불평할 수는 없다.

인공지능은 인간과 기계 사이의 근본적인 관계를 일부 개발자가 이야기하는 만큼 크게 바꾸지는 않는다. 챗봇 엘리자를 개발한 요제프 바이첸바움은 1976년에 이미 베스트셀러 《컴퓨터 성능과 인간 이성: 판단에서 계산까지*Computer Power and Human Reason: Judgement to Calculation*》에서 당시 대세를 이루던 기계에 대한 맹목적 믿음에 반대하는 목소리를 이끌었다. 이 책은 실리콘 밸리에서 인류 기술의 예정된 운명에 대한 믿음이 다시 득세하는 지금 재출판될 가치가 있다.

우리는 아주 다양한 분야에서 기계에 의사결정을 맡길 수 있다. 잘 짜인 프로그램에 데이터가 적절하게 제공된다면, 인공지능 시스템은 좁은 영역의 특정 분야에서 유용한 전문가가 된다. 그러나 인공지능은 큰 그림을 볼 수 없다. 어느 정도까지 기계의 도움을 받는 것이 적절한지에 대한 결정을 포함하여, 중요한 결정은 여전히 인간의 몫이다. 다시 말하면, 인공지능은 우리에게 생각의 부담을 덜어줄 수는 없다.

인류의 역사는 인간 결정의 총합이다. 우리는 가치 판단에 따라 우리가 원하는 것을 결정하고, 앞으로도 그럴 것이다. 기계의 도움을 받는 정보의 시대가 다음 단계로 발전해감에 따라 세계관을 새로 만들어낼 필요는 없다. "아주 간단하다. 인본주의 가치로 돌아가면 된다." 뉴욕 벤처투자가이자 작가, 그리고 테드TED 연설자인 앨버트 웽거Albert Wenger는 이 인본주의적 가치에 대해 다음과 같이 정리했다. "지식을 창조하는 능력이 인간을 특별하게 한다. 지식은 비평의 과정에서 생겨난다. 모든 사람이 이 과정에 참여할 수 있고 참여해야 한다." 인공지능을 인류에게 도움이 되도록 지능적으로 적용한다면, 우리는 디지털 혁명을 통해 인류 역사상 처음으로 이 인본주의 이상을 실현할 수 있을 것이다.

# 인간의 윤리 또는 인공지능의 윤리

인공지능의 발전과 더불어 인공지능이 가져야 할 윤리에 대한 논의와 지침서 작성이 활발히 진행되고 있다. 유엔이나 경제협력개발기구OECD 같은 국제기구, 전기전자기술자협회IEEE 등의 학술 단체는 물론, 많은 국가와 비정부기구NGO, 기업에서 '인공지능 윤리헌장'을 준비해 발표하고 있다.

지금까지는 사람만이 윤리를 가져왔다. 자동차나 냉장고의 윤리는 이야기하지 않으면서, 왜 유독 인공지능에 대해서만 윤리가 쟁점이 될까? 인공지능이 단순한 도구를 넘어 사람의 판단과 의사결정에 영향을 주고, 나아가 자율적 의사결정과 실행 기능까지도 가질 수 있다고 보기 때문이다. 자율적 의사결정과 행동에는 책임이 따른다.

어떤 상황에서 어느 정도의 의사결정과 실행을 인공지능에게 위임할 것인지에 따라, 인공지능에게 요구되는 윤리가 달라질 수 있다. 자동차공학회Society of Automotive Engineers'에서는 자율주행차의 자율주행 단계를 여섯 단계로 분류하고 있다.

0단계: 자동화 없음

1단계: 운전자 보조(특정 상황에서 방향과 속도를 조절)

2단계: 부분 자동화(일반 상황에서 방향과 속도를 조절)

3단계: 조건부 자동화(일반 상황에서 자율주행, 사용자 감독 필요)

4단계: 고도 자동화(일반 상황에서 자율주행, 사용자 감독 불필요)

5단계: 완전 자동화(모든 상황에서 자율주행)


이는 인공지능이 자율적으로 판단하여 실행까지 하는 자율주행차의 특수성에 맞춰진 단계 구분이다. 행위까지는 포함하지 않고 의사결정을 통한 자문 기능을 하는 인공지능에는 다음과 같은 구분이 더 적합하다.

1단계: 특수 추천(특정 상황에서 추천, 사용자 결정 필요)

2단계: 일반 추천(일반 상황에서 추천, 사용자 결정 필요)

3단계: 특수 의사결정(특수 상황에서 의사결정, 사용자 결정 불필요)

4단계: 일반 의사결정(일반 상황에서 의사결정, 사용자 결정 불필요)


자동화 단계를 구별할 때 가장 중요한 기준은 사용자인 사람이 최종 결정을 하는가 아니면 의사결정이나 실행을 인공지능이 자율적으로 하는가이다. 일반적인 경우 '실시간 실행이 꼭 필요하고, 그 결과가 심각하지 않을 때'에만 완전 자율권을 허용하고, 그 외의 경우 의사결정이나 실행이 아닌 추천 또는 자문에 머물게 한다. 좀 더 세분해 들어가면, 인공지능의 추천이나 자율행동이 사용자가 미리 정해놓은 특정 상황에만 허용되느냐, 아니면 사용자가 정해놓은 상황만 빼고 모든 상황에 허용되느냐로 구분한다.

자동화 단계가 높아질수록 더 강력한 윤리 원칙이 적용되어야 하지만, 낮은 단계에서는 불필요한 원칙도 있다. 예를 들어 단순히 추천만 하는 자동화 단계에서, 특히 잘못되더라도 심각한 결과를 초래하지 않는 경우라면, 공정성은 요구되지만 투명성과 설명 가능성은 필요하지 않을 수 있다.

인공지능이 장착된 에어컨은 사람의 위치와 선호하는 온도에 따라 바람의 방향과 온도를 조절하지만, 에어컨에게 그 의사결정에 대한 근거를 요구하지는 않는다. 그러나 단순한 추천 단계의 자동화라도 대출 심사나 보석 여부를 추천하는 경우라면 인공지능이 자신의 판단 기준을 사용자에게 설명하고 납득시킬 필요가 있다. 이 과정에서 편향된 학습 데이터에 의해 공정하지 않은 판단이 내려지지는 않았는지 확인할 수 있다.

최근 쟁점으로 떠오른 인공지능의 공정성(또는 편향성)에 대해서는 아직도 사회적 합의가 필요하다. 인공지능 판단이 공정하지 못할 경우, 그 원인은 학습 알고리즘의 불완전성이나 학습 데이터의 편향성에서 찾을 수 있다. '알고리즘적 편향성'이라고 불리는 전자의 경우, 판단에 필요한 복잡한 요인들을 다 고려하지 못하고 일부 요인을 간단히 무시해버리는 데에 기인한다. 예를 들어 대출 심사의 경우, 개개인의 성향과 이력을 다 고려하지 못하고 단순히 수입이나 담보 유무로 판단을 내려도 전체적으로는 심사 정확도를 유지할 수 있지만, 대출을 신청한 개개인에게는 불공정한 결과가 될 수 있다. 이는 현재의 학습 알고리즘이 개개의 데이터보다는 방대한 데이터 전체의 평균 성능을 높이도록 하기 때문인데, 현재 인공지능이 아직 사람의 지능에 이르지 못하는 중요 요인이다. 즉, 어른이 아닌 어린아이의 판단 방법과 유사하다고 볼 수 있다. 이를 보완하는 '인간 중심' 학습 알고리즘이 개발되고 있다.

반면에 학습 데이터가 가지고 있는 편향성의 보완은 논란의 여지가 있다. 물론 개발자가 인위적으로 데이터를 조작했다면 이를 파악하고 보완해야 한다. 그러나 인위적 조작이 가해지지 않았더라도, 실세계 데이터에 대해 편향성 논란이 있을 수 있다. 대출 심사를 예로 들면, 과거의 데이터에서 수입이 많거나 담보가 충분한 경우 대출금이 잘 회수된 경우가 많을 것이다. 이 학습 데이터는 편향되었나, 아니면 공정한가? 편향되었다면, 어떤 것이 공정한가? 이는 인공지능의 윤리 문제가 아니라, 인간의 윤리 문제이다.

인공지능이 스스로 의사결정을 하고 행동으로 옮기는 단계에서는 더 높은 윤리 원칙이 요구된다. 미국의 작가 아이작 아시모프가 1940년대 초 공상과학소설에서 제안한 '로봇의 3원칙'이 그 시작이 될 수 있다.

> 첫째, 로봇은 인간에게 해를 끼치거나, 혹은 행동하지 않음으로써
> 인간에게 해를 끼쳐서는 안 된다.
> 둘째, 첫째 법칙에 위배되지 않는 한, 로봇은 인간이 내리는 명령에
> 복종해야 한다.
> 셋째, 첫째와 둘째 법칙에 위배되지 않는 한, 로봇은 자기 자신을
> 보호해야 한다.

'로봇 3원칙'은 가장 기본이 되는 원칙으로 이견의 여지가 거의 없다. 이 기본 원칙은 인공지능의 윤리에 그대로 적용될 수 있으며, 많은 기업이나 연구기관이 이와 유사한 '인공지능 윤리 헌장'을 가지고 있다.[1] 그러나

---

1) 한 예로, 한국과학기술원 인공지능연구소도 '인공지능을 위한 윤리 헌장'을 가지고 있다. 1. 인공지능은 인류 사회와 사람 개개인의 삶의 질을 향상시키는 데 기여해야 한다. 이 과정에서 사람과의 협업이나 사람의 지시를 따르고, 인류 사회의 가치관을 배워서 법과 도덕을 지키고 스스로 성장해야 한다. 2. 인공지능은 어떤 경우에도 사람에게 상해를 끼쳐서는 안 된다. 3. 위 1·2항을 위배하지 않는 한, 인공지능은 사람의 명시적 및 묵시적 의사에 따라야 한다. 단, 묵시적 의사는 반드시 사람에게 물어서 의사를 확인한 후에 따라야 한다. (여러 사람이 관계되고 각자의 의사가 다른 경우, 미리 정해진 우선순위나 제일 긴밀한 관계를 갖는 사람의 의사에 따라야 한다.) 4. 위 1~3항을 위배하지 않는 한, 인공지능은 사람으로부터 위임받은 기능을 자율적으로 수행할 수 있다. 단, 이 수행 과정에서 확신이 낮거나 위험부담이 큰 경우, 반드시 이를 사람에게 알리고 사람의 최종 결정을 확인해야 한다. (https://kis.kaist.ac.kr/index.php?mid=KIAI_O)

인류 사회에서 자율적인 의사결정과 행동을 하기 위해서는 여러 장단점과 다양한 가치 기준을 고려한 조정이 필요하다. '트롤리 딜레마<sup>Trolley Dilemma</sup>'는 인지과학에서 주로 다루던 문제인데, 원래 사람의 가치관을 다루던 문제가 이제는 인공지능의 문제가 되었다. 제동장치가 고장 난 전차 또는 자율주행차의 앞에 다섯 명이 있고, 이들을 피하려고 오른쪽으로 방향을 틀면 한 명이 다친다. 자율주행차는 핸들을 오른쪽으로 꺾어야 할까? 단순히 다섯 명과 한 명의 차이만이 아니라, 수동적으로 가만히 있는 경우와 능동적 행동을 하는 경우의 책임 의식의 차이까지 고려되어야 한다. 또한 다섯 명이 모두 살날이 얼마 남지 않은 노인이고, 오른쪽에 있는 한 명이 미래가 창창한 어린아이라면? 이는 매우 단순화된 상황이지만, 현실에서 자율주행차는 이와 유사한 딜레마에 부딪힐 수 있다. 이것도 인공지능의 윤리 문제가 아니라, 인간의 윤리 문제이다.

개발자가 학습시킨 기능을 넘어 인공지능이 사용자로부터 배워 성능과 기능을 향상시키게 되면, 이야기는 더욱 복잡해진다. 자율운전차가 사용자의 운전 취향에 따라 과속을 해도 되는가? 그러다가 사고가 나면 누가 책임을 지나? 사용자는 개발자가 만들어놓은 자율주행 스타일을 답답하게 느끼고 자신의 운전 스타일을 요구할 수도 있겠지만, 그 경우 책임 질 각오를 해야 한다. 사용자는 단순한 소비자가 아니라, 학습 데이터를 통해 인공지능을 훈련시키는 생산자 역할도 하게 된다. 따라서 인공지능 개발자와 인공지능 자체의 윤리만이 아니라, 사용자 즉 일반 사람의 윤리도 다루어야 한다.

사실 현재 논의되고 있는 인공지능 윤리의 대부분은 인공지능의 윤리 문제라기보다는 사람의 윤리 문제로 보는 것이 더 타당하다. 결국은 사람 문제다. 인공지능은 딱 사람만큼 안전하기도 하고 위험하기도 하다.

# 기계에게 지능을, 인간에게 자유를!

프랑스의 시인이자 평론가 샤를 페기Charles Péguy는 1914년에 "세상은 내가 처음 학교에 들어갔던 30년쯤 전부터 지금까지, 그 전 2천 년 동안보다 더 많이 변화했다"라고 말했다. 이 변화의 흐름은 더욱 빨라져서 4차 산업혁명 시대에 접어든 요즘에는 날마다 변하는 새로운 세상에 흥분과 두려움을 동시에 느끼며 살게 된다.

4차 산업혁명의 핵심은 인공지능이다. 정확히 이야기하면, 4차 산업혁명은 단순히 1·2·3차 산업혁명의 연장선상에 있지 않다. 1·2·3차 산업혁명의 핵심은 기계에 의한 대량생산, 고속계산과 메모리, 그리고 먼 거리로의 정보 전달, 즉 인간이 잘하지 못하는 기능을 기계가 대신하는 것이었다. 인공지능으로 대표되는 4차 산업혁명은 이에 더해 인간이 잘해왔던 기능까지 기계가 대신하는 것을 기반으로 한다. 예를 들어 알파고는 인간이 잘 못하지만 컴퓨터가 잘하는 고속계산과 기억장치를 이용해 수많은 바둑의 수를 예상해봄은 물론, 인간이 잘하는 경험에 기초한 패턴 인식 또는 직관을 통해 인간 바둑 고수를 이겼다. 따라서 3차 산업혁명과 4차 산업혁명 사이에는 근본적인 차이가 있으며, 1·2·3차 산업혁명을 1단계로, 4차부터를 2단계 산업혁명으로 분류하는 것이 타당하다.

지능이 인간 두뇌의 활동이므로, 인공지능은 두뇌 활동에 대한 과학적 이해와 이의 공학적 응용에 기반을 둔다. 인간이 어떻게 5각으로부터 정보를 받아 느끼고 배우고 생각하며 행동하는지를 이해하고, 이를 통해 기계에 지능을 부여하고자 한다. 지금까지는 아둔한 기계를 사용하기 위해 인간이 기계 수준으로 눈높이를 낮췄지만, 이제는 기계가 인간의 의도와 행동을 이해하고 반응하는 인간 중심 시대로 접어들었다. 키보드나 리모컨은 물론이고 말로 하지 않아도 기계가 사용자의 의도대로 작동하고, 인간 기능을 갖춘 지능 로봇이 인간을 위해 일하며 같이 살고, 나보다도 나를 더 잘 아는 휴대 기기가 나의 동반자가 되는 날이 다가오고 있다. 가정에서는 가족처럼 함께 있어주고, 길거리에서는 스스로 운전하는 자동차가 되며, 학교에서는 나를 이해해주는 친구나 개인 교사가 되고, 사무실에서는 업무 효율을 높여주는 베테랑 동료가 된다. 의사를 도와 정확한 진단을 하는 의료

전문가, 온갖 법률 지식을 갖추고 도와주는 법률 전문가, 새로운 예술품을 만드는 인공지능 음악가·화가·작가가 된다.

인공지능의 발전 속도는 두려움이 느껴질 만큼 빠르다. 인터넷과 모바일 통신으로 매초 방대한 학습 데이터가 쌓이고, 이로부터 배워서 스스로 지적 능력을 발전시키는 데 필요한 계산 및 저장 능력도 반도체 집적회로 기술에 힘입어 나날이 발전하고 있다. 어린아이가 말을 배우는 데 필요한 2년 내외의 학습 시간이 인공지능에게는 단 며칠로도 가능하다. 영상을 인식해서 사진 속 물체가 무엇인지 파악하는 일은 보통 사람보다 더 잘한다. 그래서 일부 인공지능 연구자는 2045년경 인공지능이 인간을 능가하는 초지능으로 발전하고 인간을 지배하게 될 수 있다며 두려워하기도 한다.

그러나 두려워할 이유는 없다. 세상의 많은 선구자가 미래를 잘못 예측한 예는 무수하다. 초지능의 출현은 아주 오랜 시간이 걸릴 테고, 인공지능은 인간의 동료로서 인간과 함께 살게 될 가능성이 더 크다.

아직 사람의 두뇌에서 어떻게 지능이 구현되고 발달하는지 정확히 알지 못한다. 물론 최근 신경과학의 눈부신 발전과 신경망 모델 연구로 대강은 파악되었다고 할 수 있지만, 뇌 신호 측정 기술의 한계로 아직도 '뿌연 유리창을 통해 들여다보는 수준'

에 머무르고 있다. 설령 신경세포 하나하나의 작용을 모두 이해했다고 하더라도, 두뇌는 우리가 컴퓨터를 만들 때 사용하는 반도체로 만들어진 것이 아니므로, 실제로 대량생산을 통한 사용에 시간과 노력이 어느 정도 들지 아무도 모른다. 따라서 특정한 응용 분야에서 보통의 인간을 능가하는 인공지능은 이미 있고 앞으로 더 많이 나타나겠지만, 일상생활에서 인간의 모든 지적 능력을 능가하는 초지능은 아직도 먼 미래의 확인되지 않은 가능성일 뿐이다.

그래도 언젠가는 인공지능이 인간을 능가하게 될 것인가? 인간이 현재 상태로 머물러 있다면, 또는 현재의 인공지능 없는 생활 양상을 그대로 가지고 간다면, 언젠가 인공지능이 인간을 능가할 수 있을 것이다. 그러나 인간은 그렇게 바보가 아니다. 인간과 인공지능 사이의 상호 발전 패러다임으로 나아갈 것이다. 인간은 인공지능을 도우미로 활용하여 스스로의 능력을 더욱 발전시킬 것이다. 인공지능의 능력이 발달할수록, 인공지능을 활용하는 인간의 능력도 더욱 향상된다. 똑똑한 동료와 일하면 능률이 더욱 높아지는 것과 같다.

물론 이 논리에도 전제 조건이 있다. 인간과 인공지능이 '한마음 한뜻'이 되어야 한다. 이 전제 조건은 사람과 사람 사이에서도 마찬가지다. 마음이 맞지 않는 동료는 없느니만 못하다. 그래서 우리는 선택한다. 혼자 살지, 아니면 마음이 맞는 동료와 함께 더 많은 일을 하며 살지 결정한다. 미래 사회에서도 인간이 비슷한 선택을 할 것이다. 혼자 일할지, 아니면 똑똑한 인공지능의 도움을 받아 더 편하게 더 많은 일을 더 잘할지 결정할 것이다. 우리 사회는 고령화로 접어들고 있으니, 적은 수가 일하여 많은 수를 부양하려면 인공지능의 도움이 절실하다.

인공지능의 도움을 받아 같이 잘 살기를 바란다면, 인공지능을 동료 또는 가족으로 생각하면 된다. 인공지능에 애정을 가지고 잘 키우면 든든한 동료나 가족이 된다. 어린아이를 키우는 것과 마찬가지다. 어린아이나 인공지능의 미래는 미리 정해진 것이 아니라 어떻게 키우느냐에 달려 있다.

인류 사회에 선과 악이 있듯이, 인공지능도 착한 인공지능과 나쁜 인공지능이 있을 수 있을 것이다. 착한 사람이 많은 사회에서는 착한 인공지능이 많아질 테고, 사회를 더욱 발전시킬 것이다.

인공지능은 위험하다. 그러나 사람만큼만 위험하다. 결코 사람보다 더 위험하지는 않다. 인공지능과 어떻게 공존할 것인가의 문제는 우리 '인간'에게 달려 있다.

2020년 12월

이수영

• Abbott, Ryan, and Bret Bogenschneider, "Should Robots Pay Taxes? Tax Policy in the Age of Automation," *Harvard Law & Policy Review*, Vol. 12, March 15, 2017, ssrn. com/abstract=2932483.

• Bostrom, Nick, *Superintelligence*: *Paths, Dangers, Strategies* (Oxford, UK: Oxford University Press, 2014).
닉 보스트롬, 조성진 옮김, 《슈퍼 인텔리전스: 경로, 위험, 전략》, 까치, 2017.

• Brynjolfsson, Erik, and Andrew McAfee, *The Second Machine Age: Work, Progress, and Prosperity in a Time of Brilliant Technologies* (New York: W. W. Norton, 2014).
에릭 브린욜프슨·앤드루 맥아피, 이한음 옮김, 《제2의 기계 시대: 인간과 기계의 공생이 시작된다》, 청림출판, 2014.

• Brynjolfsson, Erik, and Andrew McAfee, "The Business of Artificial Intelligence," *Harvard Business Review*, July 2017, hbr.org/cover-story/2017/07/the-business-of-artificial-intelligence.

• Ford, Martin, *Rise of the Robots: Technology and the Threat of a Jobless Future* (New York: Basic Books, 2015).
마틴 포드, 이창희 옮김, 《로봇의 부상: 인공지능의 진화와 미래의 실직 위협》, 세종서적, 2016.

• Frey, Carl Benedikt, and Michael A. Osborne, *The Future of Employment: How Susceptible Are Jobs to Computerisation?* (Oxford, UK: University of Oxford, 2013), oxfordmartin.ox.ac.uk/downloads/academic/The_Future_of_Employment.pdf.

• Friend, Tad, "How Frightened Should We Be of AI?" *The New Yorker*, May 14, 2018. newyorker.com/magazine/2018/05/14/how-frightened-should-we-be-of-ai.

• Husain, Amir, *The Sentient Machine: The Coming Age of Artificial Intelligence* (New York: Scribner, 2017).

• Kurzweil, Ray, *How to Create a Mind: The Secret of Human Thought Revealed* (New York: Viking, 2012).
레이 커즈와일, 윤영삼 옮김, 《마음의 탄생: 알파고는 어떻게 인간의 마음을 훔쳤는가?》, 크레센도, 2016.

• Lotter, Wolf, "Der Golem und du" [Golem and You], *brand eins*, July 2016. brandeins.de/archiv/2016/digitalisierung/einleitung-wolf-lotter-der-golem-und-du.

• Mayer-Schönberger, Viktor, and Kenneth Cukier, *Big Data: Die Revolution, die unser Leben verändern wird* [Big Data: The Revolution That Will Change Our Lives] (Munich, Germany: Redline, 2013).

• Mayer-Schönberger, Viktor, and Thomas Ramge, *Reinventing Capitalism in the Age of Big Data* (New York: Basic Books, 2018).
빅토어 마이어 쇤베르거·토마스 람게, 홍경탁 옮김, 《데이터 자본주의: 폭발하는 데이터는 자본주의를 어떻게 재발명하는가》, 21세기북스, 2018.

• Ng, Andrew, "What Artificial intelligence Can and Can't Do Right Now," *Harvard Business Review*, November 9, 2016, hbr.org/2016/11/what-artificial-intelligence-can-and-cant-do-right-now.

• Ramge, Thomas, "Management by Null und Eins" [Management by Zeros and Ones], *brand eins*, November 2016. brandeins.de/archiv/2016/intuition/intuition-im-management-by-null-und-eins.

• Sejnowski, Terrence J., *The Deep Learning Revolution* (Cambridge, Massachusetts: The MIT Press, 2018).
테런스 J. 세즈노스키, 안진환 옮김,《딥러닝 레볼루션: AI 시대, 무엇을 준비할 것 인가》, 한국경제신문, 2019.

• Shapiro, Carl, and Hal R. Varian, *Information Rules: A Strategic Guide to the Network Economy* (Boston: Harvard Business School Press, 1999).
칼 샤피로·핼 배리언, 임세윤 옮김,《정보법칙을 알면 .COM이 보인다: 인터넷 경 제 정통 길라잡이》, 미디어퓨전, 1999.

• Solon, Olivia, "More Than 70% of US Fears Robots Taking Over Our Lives, Survey Finds," *The Guardian*, October 4, 2017, theguardian.com/technology/2017/oct/04/ robots-artificial-intelligence-machines-us-survey.

• Standage, Tom, "The Return of the Machinery Question," Special Report: Artificial Intelligence, *The Economist*, June 2016. economist.com/sites/default/files/ai_ mailout.pdf.

• Tegmark, Max, *Life 3.0: Being Human in the Age of Artificial Intelligence* (New York: Alfred A. Knopf, 2017).

# 누가 인공지능을 두려워하나?

## 생각하는 기계 시대의 두려움과 희망

처음 펴낸 날 | 2021년 1월 15일
두 번째 펴낸 날 | 2022년 2월 25일

지은이 | 토마스 람게
편역 | 이수영, 한종혜

펴낸이 | 김태진
펴낸곳 | 다섯수레

기획 | 김시완
책임편집 | 김기헌
편집 | 김경회, 장예슬, 정헌경
마케팅 | 박희준
제작관리 | 김남희
디자인 | 이영아, 박정민

등록번호 | 제 3-213호
등록일자 | 1988년 10월 13일
주소 | 경기도 파주시 광인사길193(문발동) (우 10881)
전화 | 02)3142-6611 (서울 사무소)
팩스 | 02)3142-6615
홈페이지 | www.daseossure.co.kr

ISBN 978-89-7478-435-5 03500